Arndt Hermans

DER MOBBINGSUMPF

Überlebensstrategien in einer kranken Gesellschaft

Arndt Hermans

DER MOBBINGSUMPF

Überlebensstrategien in einer kranken Gesellschaft

Re Di Roma-Verlag

Bibliografische Information der Deutschen Nationalbibliothek:
Die Deutsche Nationalbibliothek verzeichnet diese Publikation in der Deutschen Nationalbibliografie; detaillierte bibliografische Daten sind im Internet über http://dnb.ddb.de abrufbar.

ISBN 978-3-86870-484-6

www.rediroma-verlag.de
19,95 Euro (D)

Vorwort

„DER MOBBINGSUMPF“, „DIE MOBBINGSEUCHE“, „IST DIE GESELLSCHAFT NOCH ZU RETTEN?“

In der Entstehungsphase eines Buches macht man sich viele Gedanken und bekommt etliche Ratschläge, wie der Titel denn nun heißen soll. Spannend soll er klingen, damit er Menschen interessiert. Zu reißerisch soll es aber auch nicht sein, sonst macht man sich vielleicht zum Affen. Da dies kein Science Fiction Roman wird, möchte man den Pfad der Vernunft ja schließlich auch nicht gänzlich verlassen.

Nun ist es also der Mobbingsumpf geworden. Er trifft meine Botschaft schon ganz gut, denn ich habe oftmals das Gefühl, dass Menschen vor lauter Arbeitsplatzproblemen und ständigen Rückschlägen die Bodenhaftung verlieren. Sie kämpfen und verstricken sich doch immer tiefer in den Sumpf, der für jeden eine andere unangenehme Überraschung bereithält. Während der eine recht schnell immer tiefer versinkt und kaum mehr einen Ausweg sieht, wird dem anderen vielleicht im letzten Moment eine helfende Hand gereicht – ein großes Glück, wenn man sie noch erkennt und entgegennimmt. Nicht wenige ergreifen die rettende Hand nicht mehr, weil sie bereits aufgegeben haben.

Stecken Sie bereits im Sumpf? Sind Sie noch bereit zu kämpfen oder steht Ihnen der Morast bereits bis zum Hals und Sie bekommen schon keine Luft mehr? Allen, die noch atmen und kämpfen wollen, sei gesagt: Es lohnt sich – man muss aber bereit sein, etwas zu unternehmen.

Inhaltsverzeichnis

1. Einleitung

Hand aufs Herz: Schon einmal mit Mobbing konfrontiert worden? Ich denke, dass einige von Ihnen zu diesem Buch gegriffen haben, weil sie sich als Mobbingopfer fühl(t)en. Andere beschäftigen sich vielleicht aus wissenschaftlicher Sicht mit dem Thema (so wie ich zu meiner Studienzeit) und bedienen sich dieser Lektüre, weil sie sich ein paar Gedankenanstöße erhoffen. Eine dritte Kategorie von Lesern hatte bislang möglicherweise kaum einen „Draht" dazu und will einfach mal in dieses Thema hineinschnuppern – aber mal ehrlich: wirklich kein Bezug? Nie erlebt, dass man einen Kollegen entwürdigend behandelt hat? Noch nicht wahrgenommen, dass hinter dem Rücken eines Beschäftigten Witze über ihn gemacht wurden?

Ich kann mir schon vorstellen, was Sie denken: Ein paar Scherze auf Kosten anderer, ein bisschen Tratsch hier und da – das ist doch völlig normal. Eine Gesellschaftsstudie hat sogar einmal belegt, dass Lästereien dem eigenen Wohlbefinden und sogar dem Betriebsklima förderlich sind. So sei der Mensch nunmal gestrickt, und ich bin mir ziemlich sicher, dass auch Sie und ich kollegiale Frotzeleien ein Stück weit genießen – vorausgesetzt, man bewegt sich diesbezüglich im „normalen" Bereich.

Aber wo fängt Mobbing an? Wenn die etwas kräftigere Mitarbeiterin ihre schlanke Kollegin als „Janette, das Skelett" bezeichnet, ist das nur bedingt lustig. Aber ist es auch schon Mobbing? Hierüber kann man streiten. Mobbingattacken kennzeichnen sich durch die Regelmäßigkeit und Zielgerichtetheit der Angriffe; „dumme Sprüche" aus einer Laune heraus stellen (noch) kein Mobbing dar.

Das Gefühl der Betroffenen spielt aber auch eine große Rolle. Wenn der Kollegin bewusst ist, wie sehr ihre Spitzen die schlanke Janette kränken, darf man ihr verletzende Absicht unterstellen. Sollte Janette schließlich auch noch in eine unterlegene Position geraten und einen wachsenden Leidensdruck verspüren, sind wir schon mittendrin im Mobbinggeschehen.

2. Wer bin ich?

Bevor wir beginnen, erst noch einige Worte über mich, damit Sie wissen, mit wem Sie es zu tun haben. Mein Name ist Arndt Hermans. Ich habe an der RWTH Aachen Soziologie, Betriebspädagogik sowie Volkswirtschaftslehre studiert und schimpfe mich nun Mobbing- und Konfliktberater. Was das ist, werden Sie fragen. Die Bezeichnungen Mediator und Streitschlichter sagen Ihnen vermutlich mehr. Nun, bei mir geht es in eine ähnliche Richtung. Ein klassischer Ausbildungsberuf ist das Ganze nicht – im Gegenteil: Man kann es meines Wissens weder studieren noch diesbezüglich in die Lehre gehen. Das Leben und die Auseinandersetzung mit Konflikten war meine persönliche Schulung.

Ich bin während eines Praktikums erstmalig mit dieser Problematik in Berührung gekommen. Ein Mitarbeiter hatte eine etwas korpulente Kollegin immer wieder unsanft behandelt und auf ihr Aussehen angespielt. Schließlich häuften sich die Fehlzeiten der Dame, und irgendwann wurde mir klar, dass ihre zunehmende Abstinenz nichts mit uns allen bekannten Grippeviren oder Zahnschmerzen zu tun hat, sondern die Ursachen woanders zu suchen sind. Schließlich stöberte ich im Internet unter Begriffen wie „Schikane“ oder „Diskriminierung“ am Arbeitsplatz und stieß auf den Begriff Mobbing. Damit war ich quasi „infiziert“ und der Startschuss für eine intensive Auseinandersetzung mit dem Thema gegeben.

Was bringt Personen dazu, mit anderen Menschen so umzugehen? Und was richtet dieses rüde Verhalten bei den Opfern an? Das waren die Hauptfragen, die ich mir gestellt habe.

Es folgte meine Examensarbeit zum Thema Mobbing mit dem Schwerpunkt der Prävention im Hauptfach Soziologie. Während des Studiums an sich war Mobbing seltsamerweise nie ein Thema – keine Vorlesung, kein Seminar behandelte diese Problematik. Mich „rettete“ damals die Freiheit bei der Themenwahl, und so konnte ich mich ausgiebig damit beschäftigen. Mittlerweile hat diesbezüglich ein viel größeres Bewusstsein eingesetzt.

Inzwischen arbeite ich im sozialen und medizinischen Bereich. Nein, ich bin kein Arzt, aber Mobbing macht krank, und mit diesen Folgen werde ich in der Ambulanz einer psychosomatischen Klinik konfrontiert.

3. Was dürfen Sie erwarten?

Normalerweise beginnt jedes Buch zum Thema Mobbing mit einer kurzen Erläuterung, was dieser Begriff eigentlich bedeutet. Dieser und weiteren „prominenten“ Fragestellungen werde ich mich im nächsten Kapitel widmen. Ich möchte Sie aber nicht gleich zu Beginn mit komplizierten verschachtelten Mobbingdefinitionen quälen. Sie dürften so gut wie ich wissen, dass Mobbing nicht zufällig passiert, sondern gezielt eingesetzt wird. Es geht darum, jemanden systematisch zu attackieren und auszugrenzen. Wenn nötig nehmen sich Mobber dafür viel Zeit, manchmal sogar ein ganzes Arbeitsleben.

Ich möchte an dieser Stelle ein wenig über meinen Eindruck von einer krankenden Gesellschaft sprechen – und was mich überhaupt dazu veranlasst hat, dieses Buch zu schreiben. Ich weiß ja nicht, wie es Ihnen geht, aber ich verspüre eine zunehmende gesellschaftliche Entsozialisierung, die eben nicht nur die Arbeitswelt, sondern die gesamte Gesellschaft betrifft. Familie, Nachbarschaft, Schule oder eben Beruf - Konflikte gibt es überall. Sich davon loszulösen, ist dabei nicht leicht. Wer kann schon einfach gehen? Die Familie ist trotz allem das eigen Fleisch und Blut, das erworbene oder selbst gebaute Eigenheim birgt viel Schweiß und Arbeit sowie Erinnerungen. Das Kind mal eben von der Schule nehmen oder einfach so den Job wechseln, auch das fällt schwer.
Deshalb ärgere ich mich manchmal über eine – meiner Meinung nach – zu kurz greifende Diskussion, wenn ausschließlich von Mobbing am Arbeitsplatz die Rede ist. Kränkungen, Verletzungen und Ausgrenzungen sind eben keine reine Arbeitsplatzangelegenheit. Nur fällt es hier oft besonders schwer zu gehen und – zumindest zeitweise – seine Existenzgrundlage zu gefährden. Aus dem Sportverein auszutreten, scheint da doch etwas leichter.

Ich habe das Gefühl, heute mehr denn je mit dieser Problematik konfrontiert zu werden, weil der gesellschaftliche Umgang miteinander vielfach brutaler geworden ist. Dies werde ich später intensiver erläutern.
Ich glaube auch, dass heute mehr gemobbt wird als früher. Auf verlässliche Zahlen kann ich hierbei allerdings nicht verweisen, da die Dunkelziffer sehr hoch sein dürfte. Es gibt Forschungsprojekte, die zum Ergebnis kommen, dass mehr als 75% aller Mobbingbetroffenen keine Hilfe suchen. Die Gründe dafür sind vielfältig. Sie reichen von Unsicherheit bis zur Scham. Viele Menschen – insbesondere Männer – empfinden es nicht selten als persönliches Versagen, auf

Hilfe angewiesen zu sein. Dabei sind Mobbingopfer weit davon entfernt, versagt zu haben. Sie wurden krank gemacht, und genau so kann es jedem von uns ergehen.

Oftmals herrscht auch einfach Unwissen darüber, an wen man sich wenden kann. Wo gibt es für mich eine geeignete Selbsthilfegruppe? Kann mein Hausarzt mit diesem Thema etwas anfangen? Man sollte sich nicht scheuen, mit vertrauten Menschen über seine Probleme und Ängste zu sprechen. Nur wer handelt, kann Hilfe erfahren. Deshalb will ich für eine größere Offenheit im Umgang mit der Mobbingproblematik eintreten, damit ein Bewusstsein für den richtigen Umgang damit geschaffen werden kann.

Ich werde in diesem Buch einige der „klassischen" Mobbingthemen beleuchten. Ich möchte aber auch andere Punkte ansprechen, die uns alle betreffen – z.B. wie man sich beim Arbeitgebergespräch bestmöglich „verkaufen" oder besser mit den Launen des Chefs umgehen kann.

Es ist mir auch wichtig, die Gesellschaft mehr in die Pflicht zu nehmen. Haben wir nicht alle unseren Anteil daran, dass Mobbing zunehmend zum Thema wird? Welche Verantwortung haben Politik und Medien? Wird Schikane und Ausgrenzung hier nicht vorgelebt, wenn Politiker nach einem Misserfolg parteiintern entsorgt werden oder die Erniedrigung von Menschen mehr und mehr zur akzeptierten oder gar gewünschten Fernsehunterhaltung wird?

Sie erkennen schon: Es wird nicht nur um Mobbing gehen. Ich möchte auch hin und wieder einen Ausritt in andere problembehaftete Bereiche unserer Gesellschaft wagen, so wird unter anderem Burnout ein Thema sein.

Dieses Buch soll Ihnen einen möglichst intensiven Einblick in die Krankheiten unserer Gesellschaft geben – in der Hoffnung, dass wir gemeinsam an einer baldigen Genesung arbeiten.

4. Die großen Mobbingfragen

Nun möchte ich aber zum ersten „richtigen“ Kapitel ausholen. Ich habe es „Die großen Mobbingfragen“ getauft. Es sind nämlich meist die gleichen Fragen, die in Gesprächen oder bei Themenabenden gestellt werden – und diese möchte ich nun auch auf den folgenden Seiten ansprechen.

Beginnen wir doch mit unserer Einstiegsfrage:

4.1 Mobbing – was ist das eigentlich?

Obwohl Mobbing inzwischen den meisten etwas sagt, weiß doch längst noch nicht jeder, was sich dahinter verbirgt. Ihnen dürfte mit dem Griff nach diesem Buch jedoch bewusst sein, worum es geht. Deshalb möchte ich Sie - wie bereits in der Einleitung angesprochen - nicht mit Informationen langweilen, die Sie ohnehin schon kennen.
Im Normalfall ist bei Mobbing von Psychoterror am Arbeitsplatz die Rede. Mobbing gibt es jedoch nicht nur am Arbeitsplatz, sondern in allen Lebensbereichen. Auch in Vereinen und vor allem in Schulen tritt es immer häufiger auf.

Leider verkommt der Mobbingbegriff zunehmend zu einem Modewort für Auseinandersetzungen aller Art. So ist es kein Mobbing, wenn der Chef einen Mitarbeiter etwas uncharmant kritisiert oder der Kollege auf dem Flur einmal den guten Morgen Gruß verweigert. Erst die Regelmäßigkeit und Zielgerichtetheit der Angriffe über einen längeren Zeitraum macht die Schikane zum Mobbing. Tuscheln und Tratschen hinter dem Rücken sowie eine schleichende Ausgrenzung des Betroffenen sind hierbei die Hauptbestandteile des „Terrors“.

4.2 Gab es Mobbing schon immer?

„Der Mensch ist dem anderen ein Wolf“ sagten schon die alten Römer. Man kann also getrost davon ausgehen, dass auch in der Vergangenheit das Zusammenleben der Menschen nicht nur von gegenseitiger Liebe und Herzlichkeit geprägt war. Es gab sicher zu allen Zeiten zahlreiche Konflikte. Der Mobbingbegriff ist indes noch nicht so alt, er wurde in den 70er Jahren vom Forscher Heinz Leymann geprägt. Vorher hat man es eben nicht so bezeichnet – auch wenn es bereits vorgekommen ist.

Was denken Sie? Ist man früher anders, vielleicht auch fairer miteinander umgegangen? Ich bin der Überzeugung, dass wir auch heute noch intensiv von unseren Instinkten gesteuert und beeinflusst werden. So mag das Mobbing eines älteren Mitarbeiters dem neuen Kollegen gegenüber nicht ausschließlich von großer persönlicher Antipathie, sondern eher durch die Angst um den Verlust des eigenen Territoriums geprägt sein. Da kommt jemand, der mir mein Revier streitig machen will. Das weckt Urängste in uns. Natürlich ist das keine Legitimation für das Handeln des mobbenden Kollegen. Es geht mir lediglich darum aufzuzeigen, dass unser Verhalten von derartigen tief verwurzelten Überlegungen geprägt sein kann. Dennoch glaube ich, dass sich einiges verändert hat. Wurden Auseinandersetzungen früher offener und eher auf körperlicher Ebene ausgetragen, finden sie heute versteckter und geplanter statt.
Mobber haben mittlerweile ganz andere Möglichkeiten, ihr Vorhaben in die Tat umzusetzen. So klügeln sie bisweilen fast schon besessen aus, wie sie einen Rivalen zur Strecke bringen können. Vielleicht kann man andere benutzen, um seinem Ziel näher zu kommen, ohne sich aus der Deckung wagen zu müssen.

Ich glaube auch, einen „Vorsicht Falle Effekt“ zu erkennen. So wurde früher in der Sendung mit Eduard Zimmermann vor Kriminellen und ihren Tricks gewarnt – an sich eine tolle Sache, aber man hat auch einige Verbrechen bis ins Detail seziert, so dass manch böser Bube auf Ideen gebracht wurde. Ähnliches befürchte ich auch beim Mobbingthema. So ist es zwar wichtig, Aufklärungsarbeit zu leisten und Berührungsängste abzubauen, aber wenn man Mobbingprozesse kennzeichnet, kann dies auch den Ideenreichtum der Täter erweitern. Ich möchte nicht hoffen, dass auch dieses Buch Mobbern bei der perfiden Umsetzung ihres Vorhabens hilft. Stattdessen soll es Ihnen das Rüstzeug geben, gefährliche Signale schneller zu erkennen, um sich besser schützen zu können.

Stellen wir also fest: Die Art der Schikane hat sich verändert. Offene Konfliktaustragung ist seltener zu beobachten, aber eben auch nicht mobbingtypisch. Das Lästern hinter dem Rücken des Betroffenen ist zur klassischen Mobbingvariante geworden. So ist zwar jeder Fall verschieden, und doch gibt es oft ähnliche Verläufe; das Streuen von Gerüchten gehört fast immer dazu. Darauf konnte ich mich bei der Betrachtung verschiedener Mobbingsituationen meist „verlassen“.

In diesen Tagen sieht man sich nun mit einer völlig neuen Herausforderung konfrontiert: dem Einsatz moderner Medien. Das Mobbing verlagert sich zunehmend ins Internet. So wird in Foren unter Decknamen noch feiger und vermeintlich „sicherer" beleidigt als im realen Leben. Man sieht kein Gesicht, das Mobbing erfolgt hinter verschlossenen Türen – versteckt hinter dem Computerbildschirm. Man kann nicht erkannt, folglich auch nicht erwischt werden. So denken zumindest viele Täter. Das reißt noch mehr Grenzen ein. Der Mobber fühlt sich sicher und glaubt, bedenkenlos hetzen zu können. Wollen Sie wirklich wissen, was da so alles durchs Netz schwirrt? Mir bleibt oft die Spucke weg, wenn regelmäßig „Huren", „Schlampen" oder „Drecksäcke" durch die Foren geistern.

Erweitern wir das Ganze doch um eine zusätzliche Variante, das Handy. Ein Mensch wird gedemütigt, und ein anderer nimmt es auf. Egal, ob körperliche Erniedrigung, Beleidigung oder eine unglückliche Geste – Hauptsache man erwischt jemanden in einer für ihn nachteiligen Position. Sie glauben gar nicht, wie schnell das Ganze verbreitet wird und bei youtube oder ähnlichen Online-Plattformen auftaucht. Es genauso schnell wieder zu löschen, ist weitaus schwieriger. Einmal in die Welt gesetzt, vervielfältigt sich so etwas rascher als eine Pandemie. So ist es heute möglich, innerhalb von Minuten seine gesamte persönliche Ehre zu verlieren.

Es gab also sicher schon immer Formen von Mobbing, auch wenn man es nicht so bezeichnet hat. Heute sieht man sich jedoch mit einer modifizierten Form der Schikane konfrontiert. Bei neuartigen Grippeerkrankungen würde man wohl sagen, dass sich das Virus entwickelt hat und mutiert ist. Man kann Mobbing durchaus als Virus, ja fast schon als Seuche bezeichnen und wie andere Erreger ist es – genauso wie die Menschen, die es betreiben – ständigen Veränderungen unterworfen. Deshalb gibt es auch nicht nur eine Form des Mobbings, die vielleicht greifbar und leicht kontrollierbar wäre. So wird es zu einer noch größeren Herausforderung, den Erreger zu erkennen und erfolgreich zu bekämpfen.

4.3 Von wem geht das Mobbing meistens aus?

In welche Richtung wird nun gemobbt? Von links nach rechts, dann noch mal links und am Ende rechts? Nein, das ist nicht gemeint. Wir sind hier nicht im

Straßenverkehr, wenngleich das Mobbing z.T. einer wilden (Irr-)fahrt ähnelt. Mobber biegen aus dem Nichts ab und schlagen eine andere Richtung ein. Natürlich setzen sie dabei keinen Blinker; das würde es dem Gegner ja erleichtern, sie zu orten und auszubremsen.

Ich möchte die hierarchischen Wege des Mobbings ansprechen. Gemobbt wird in alle Richtungen – von oben nach unten, auf gleicher Ebene aber auch in Richtung des Vorgesetzten. Lassen Sie uns doch einfach mit diesem beginnen und uns dann langsam „hocharbeiten".

Die Annahme, dass der Chef für diesen Vorgang vollkommen unangreifbar wäre, ist schlichtweg falsch. Wenn sich Mitarbeiter zusammenrotten und die Führungskraft relativ neu ist, darf man durchaus von einer Gefährdung sprechen.

Angriffe von unten nach oben sind hierbei meist Ausdruck eines Protests. Vielleicht strebt der neue Vorgesetzte große Umstrukturierungen an und zieht sich damit den Unmut der alten Belegschaft zu, weil diese Mehrarbeit und organisatorisches Chaos fürchtet. Gelingt es einer neuen Führungskraft nicht, die Mitarbeiter von der Sinnhaftigkeit ihrer Ideen zu überzeugen, sorgt dies für Konfliktstoff und Meuterei. Womöglich hat sich der Chef auch einmal zu oft im Ton vergriffen, und einige Beschäftigte haben ihm das nicht verziehen. Vielleicht folgt „der Neue" auf einen sehr beliebten Vorgesetzten und hat von Anfang an kaum eine Chance, richtig Fuß zu fassen, da der Schatten seines Vorgängers zu lang ist. Ein weiterer Grund für den Widerstand von unterstellten Mitarbeitern könnte in einer etwaigen Inkompetenz der Führungskraft bestehen.

Sie erkennen schon, dass es zahlreiche Motive für das Mobbing gegen einen Vorgesetzten geben kann. Das Spektrum an Möglichkeiten, dieses Vorhaben schließlich auch in die Tat umzusetzen, ist aber begrenzt. So könnte der Chef die Disziplinierung eines Mitarbeiters sicher eher rechtfertigen als umgekehrt. Daher müssten Untergebene in Sachen Mobbing zwangsläufig phantasievoller zu Werke gehen als der durch seine Position gestärkte Vorgesetzte. Insofern überrascht es auch nicht, dass Angriffe gegen eine Führungskraft die Ausnahme sind und dieser im Fall der Fälle meist siegreich bleibt.

Während Mobbing von unten nach oben nur selten vorkommt, wurde in früheren Untersuchungen meist von Übergriffen auf gleicher Ebene, also zwischen gleichgestellten Kollegen, berichtet.

Ursächlich für Konflikte unter gleichgestellten Kollegen waren seit jeher Neid und Missgunst, aber auch übertriebener Ehrgeiz oder ein großer innerbetrieblicher Konkurrenzkampf dürften das Mobbing auf gleicher Ebene fördern.

Neben diesen offensichtlichen Motiven können auch Unsicherheit und eine fehlerhafte betriebliche Informationspolitik das Mobbing anheizen, indem es zu kollegialen Machtkämpfen kommt. Vielleicht möchte eine starke Gruppe einen anderen Angestellten auch dazu zwingen, sich ihren Regeln anzupassen.
Möglicherweise rückt ein Mitarbeiter durch eine optische oder verhaltensbedingte Auffälligkeit in den Fokus gehässiger Kollegen. Es kommt leider häufig genug vor, dass Menschen aufgrund ihrer Behinderung oder einer anderen Hautfarbe diskriminiert werden. Vor so etwas macht auch manch ein „lieber Kollege“ nicht Halt.

Wie bereits angedeutet, schien sich das Mobbing – wenn man sich ältere Studien anschaut – bislang häufig auf gleichgestellter Ebene abgespielt zu haben. Ich habe indes die Erfahrung gemacht, dass Mobbinghandlungen mittlerweile vermehrt vom Vorgesetzten ausgehen. Damit wird das Ganze zum Führungsproblem. Angriffe von oben nach unten werden auch als Bossing bezeichnet.

Manchmal tritt der Chef als alleiniger Aggressor in Erscheinung, es kommt aber auch zu Bündnissen zwischen Belegschaft und Führungskraft (dies wird in der nächsten Grafik deutlich). Wir sollten hierbei nicht vergessen, dass Mobbing ein dynamischer Prozess ist und einige Angestellte, die eigentlich nichts mit dem Geschehen zu tun haben, sich auf die Seite des vermeintlich Stärkeren schlagen – und das ist im Normalfall der Vorgesetzte.
Warum immer mehr Führungskräfte so handeln, vermag ich nicht zu sagen. Machtmissbrauch spielt wohl eine große Rolle. Der Vorgesetze hat ganz andere Möglichkeiten, einen Mitarbeiter zu drangsalieren und fertig zu machen als ein gleichgestellter Kollege – sei es durch die Zuordnung kaum zu bewältigender Aufgaben oder die Versetzung in eine vergiftete Abteilung. Hier sind der Fantasie leider keine Grenzen gesetzt. Dass hierbei eine erhebliche Verletzung der Fürsorgepflicht vorliegt, scheint vielen Führungskräften entweder nicht bewusst oder egal zu sein.

Sagt Ihnen das so genannte „Peter-Prinzip“ etwas? Klingt vielleicht auf den ersten Blick eher wie ein verkappter Polit-Thriller, ist aber das Resultat einer wissenschaftlichen Studie, die auf den kanadischen Forscher Laurence J. Peter zurückgeht. Dieser vertritt die These, dass in einer Hierarchie jeder Beschäftigte dazu neigt, bis zur Höchststufe seiner Unfähigkeit aufzusteigen. Das heißt übersetzt: Je häufiger ein Mitarbeiter befördert wird, desto „dümmer“ wird er.
Was auf den ersten Blick provokant und sarkastisch klingt, wird von Peter recht anschaulich erklärt. Als Beispiel nennt er einen begabten Lehrer, der zum Schulrat befördert wird, da er sehr gute Arbeit geleistet hat. Die nun anfallenden Verwaltungsaufgaben überfordern ihn jedoch, und sein Talent für den Umgang mit Kindern kann er kaum noch nutzen. Er wird also in einem Bereich eingesetzt, für den er vollkommen ungeeignet ist.

Aber was passiert, wenn der Vorgesetzte das Stadium vollkommenen Versagens erreicht hat? Letztlich muss die Arbeit Peter zufolge dann von den Mitarbeitern erledigt werden, die auf der Karriereleiter noch nicht zu hoch geklettert sind.
Peter hat für seine These zwar Kritik erfahren, aber ich kann seinen Ansatz nachvollziehen. Es ist zumindest eine Erklärung für die Unfähigkeit einiger Führungskräfte, die in ihrem Verantwortungsbereich oftmals vollkommen überfordert scheinen und Mobbing zulassen oder gar fördern.

Wie man schwierigen Chefs beikommen könnte, werde ich in einem späteren Kapitel thematisieren. Zuvor möchte ich aber noch auf eine eigene Statistik verweisen. Diese beinhaltet eine im Jahr 2004 begonnene und bis heute andauernde Einzelberatung von Mobbingbetroffenen im Gesundheitsamt der Stadt Heinsberg in Nordrhein-Westfalen, an der ich mitwirke.

Die erste Rubrik, der ich mich widmen möchte, zeigt die hierarchischen Anteile am Mobbing:

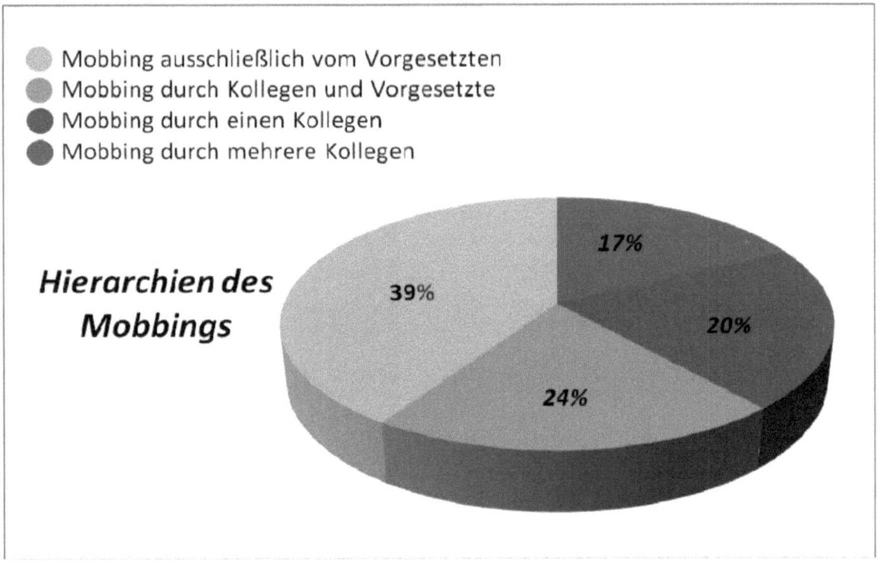

Die hier erkennbaren Zahlen dokumentieren, auf welcher Ebene die Ratsuchenden attackiert wurden. Etwa ein Viertel der Gemobbten sah sich einer "Mobberallianz" von Vorgesetzten und Kollegen ausgesetzt. Dieser Wert bedarf einer Erklärung. In den meisten mir bekannten Statistiken ist diese Zahl deutlich kleiner. Wir haben jedoch mit einfließen lassen, dass – der Aussage des Ratsuchenden zufolge – Vorgesetzte Kenntnis von den kollegialen Attacken hatten, den Gemobbten jedoch nicht davor schützten. Zum Teil haben sie sich an Schikanen beteiligt, in anderen Fällen wurden sie verantwortungslos geduldet. Insofern haben Führungskräfte häufig genug – wenn auch manchmal indirekt – einen Anteil an der Eskalation kollegialen Mobbings.

Auch der umgekehrte Weg ist zu beobachten: Ein Vorgesetzer mobbt sein Opfer, und die Kollegenschar schlägt sich auf die Seite des mächtigen Chefs. Der Betroffene bleibt allein und wird auch von den anderen Mitarbeitern gemieden.
Wir können also davon ausgehen, dass nicht immer ein massives gemeinsames Vorgehen gegen das Opfer geplant war. Dieses entsteht im Lauf der Zeit, wenn sich der Vorgesetzte mit den ihm unterstellten mobbenden Mitarbeitern solidarisiert oder diese sich eben mit dem "Chefmobber" zusammen tun. In beiden Fällen haben sich sowohl die Kollegen als auch der Vorgesetzte ihren Platz in dieser Rubrik verdient.

In unserer zweiten "Kuchenhälfte" treten die Vorgesetzten ebenfalls in Erscheinung – diesmal allerdings zu fast 40% als alleinige Täter. Die Methoden dieses vertikalen Mobbings werden wir später intensiver beleuchten. Jetzt geht es darum, die Anteile am Mobbinggeschehen zu betrachten und da sind Führungskräfte in geballter Form vertreten. Es ist mir bewusst, dass dieser Wert sehr hoch erscheint, aber in unseren Beratungsgesprächen gab der Vorgesetzte fast nie eine gute Figur ab, die entschlossen gegen Mobbing vorgeht.
Wenn wir der Führungskraft nicht nur als berechnendem Mobber, sondern eben auch als sogenanntem "Möglichmacher" eine Verantwortung an der Konflikteskalation zuschreiben, dann trägt er zumindest eine Teilschuld und ist - in unserer Untersuchung - an 2/3 aller Mobbingfälle beteiligt.

Die Tendenz ist fast überall ähnlich: Das gezielte Mobbing zum Personalabbau wird von oben gesteuert und greift immer intensiver um sich. Allein in einer meiner Gruppen ist mehr als die Hälfte der Betroffenen älter als 50 Jahre. Die systematische "Entsorgung" von Mitarbeitern, die für das Unternehmen zu alt und/oder zu teuer werden, ist also eine zunehmende massive Bossingmethode.

Mobbing, das sich ausschließlich unter gleichgestellten Kollegen abspielt, bedarf ebenfalls einer näheren Analyse. Wir erkennen mit 20% das Mobbing durch eine Einzelperson und Gruppenmobbing zu einem leicht geringeren Anteil. Hier vermischen sich die reale Ausgangsbasis und die Dynamik des Mobbinggeschehens. Meist gehen Schikanen von einer Einzelperson aus. Je länger der Prozess andauert, desto mehr Mitarbeiter beteiligen sich jedoch in der Folgezeit am Geschehen. Wir haben diesen Verlauf ja bereits skizziert, wenn Kollegen und Vorgesetzte gemeinsam mobben. Eine vergleichbare

Gruppendynamik erlebt man auch häufig in Schulklassen. Dieses System funktioniert meist dann, wenn der "Ursprungsmobber", mit dem das Ganze begonnen hat, sehr dominant erscheint. Dann schart er Kollegen hinter sich, die ihn bei seinem perfiden Spiel unterstützen und ihm gar huldigen. Einmal stark zu sein, selbst Macht über einen anderen Menschen zu haben, scheint den treuen "Mobbergefährten" zu gefallen.
Verliert der vermeintlich starke Anführer seine Machtposition, kann das Mobbingkartenhaus aber auch schnell in sich zusammenfallen. Während das "Gruppenmobbing" nicht selten der Machtdemonstration und Disziplinierung eines Mitarbeiters dient, sind es beim Mobbing durch einen einzelnen Mitarbeiter häufig persönliche Motive. Neid, Angst vor starker Konkurrenz oder der Ärger über geäußerte Kritik des gleichrangigen Kollegen können diesen zur Zielscheibe des gefrusteten Mobbers machen.

Wir können also festhalten, dass kollegiales Mobbing über eine kürzere Zeitspanne häufiger "Duellcharakter" hat, während länger anhaltende Konflikte eine Rudelbildung vereinfachen. Was Kollegen dazu bringt, sich an der Demütigung eines anderen Menschen zu ergötzen und dies gar spöttisch zu zelebrieren, ist fraglich. Offenbar ist der Drang, sich mit anderen zusammenzurotten, ein Grundbestandteil menschlichen Verhaltens. Früher diente dies gar dem Arterhalt.
Es hat ja auch Vorteile. Eine positive Form dieser kollektiven Dynamik erleben wir beispielsweise seit einiger Zeit beim Public Viewing, wenn Menschen die verbindende Begeisterung für ein Ereignis entdecken und ausleben.

Aber es gibt eben auch das Gegenteil - die gemeinsame Lust am Leiden anderer. Ich kann leider nicht erklären, wie eine derartige Form der Verachtung entsteht. Wenn man sich aber anschaut, wie manch ein Prominenter verzweifelt um seinen Machterhalt ringt und dafür auch auf schmutzige Stilmittel der Korruption zurückgreift, dann verwundern diese Tendenzen auf betrieblicher Ebene nicht. Vielleicht erleben wir an vielen Arbeitsplätzen auch eine moderne "Brot und Spiele" Version. Bitte erwarten Sie von mir keine erschöpfende Erklärung für menschliche Abgründe.

Über Mobbing von unten nach oben in Richtung des Vorgesetzten hat übrigens keiner unserer "Klienten" berichtet. Zwar gab es einen Vorgesetzten, der einen Gesprächstermin vereinbart hatte, diesen nahm er jedoch leider nicht wahr.

Vielleicht war er einer der "Kandidaten", die sich dem Mobbing durch unterstellte Mitarbeiter ausgesetzt sahen. Das werden wir aber leider nicht erfahren.
In der Gesamtbetrachtung lässt sich festhalten, dass sich die Mobbingproblematik zunehmend in Richtung des "Chefmobbings" entwickelt. In unserer Statistik waren sie zu 63% an den Schikanen beteiligt – Tendenz steigend. Aber auch unsere "lieben Kollegen" mischen kräftig mit und zeigen sich nicht zimperlich, wenn es darum geht, anderen das Leben zur Hölle zu machen.

4.4 Wieviele Opfer gibt es?

Gute Frage, nächste Frage – Statistiken verweisen auf ca. zwei Millionen Betroffene. Das sind aus meiner Sicht aber lediglich grobe Schätzungen. Zum einen dürften diese Zahlen nur die Betroffenen am Arbeitsplatz erfassen, womit z.B. gemobbte Schüler oder Vereinsmitglieder unter den Tisch fallen; außerdem dürfte die Dunkelziffer deutlich höher sein. Die Diskussion über Mobbing am Arbeitsplatz greift ohnehin zu kurz. Mobbing ist kein ausschließliches Problem der Berufswelt. Es hat sich zu einer gesamtgesellschaftlichen Seuche entwickelt – oder gibt es Ausgrenzung und üble Nachrede etwa nur in Betrieben?

Ein Arbeitsmediziner teilte mir mit, dass seiner Erfahrung nach etwa 80-90% der Betroffenen keine Beratungsstellen aufsuchen, weil sie sich schämen oder Angst vor unverständlichen Reaktionen haben. Nun ist auch das nur eine (womöglich abenteuerliche) Schätzung, aber wenn er nur halbwegs Recht haben sollte, wirft das jede aktuelle Statistik über den Haufen. Auch ich bin überzeugt, dass es weitaus mehr Betroffene gibt als die aktuellen Untersuchungen erfassen. Es haben mir so viele Betroffene erzählt, dass sie immer wieder (teils über mehrere Jahre) mit sich gekämpft haben, bis sie schließlich allen Mut zusammen nahmen und das Gespräch suchten. Ich möchte nicht wissen, wieviele Gemobbte nach wie vor still leiden und sich niemandem anvertrauen. Insbesondere Männer tun sich oft unendlich schwer, Hilfe anzunehmen. Bei Frauen wird eher toleriert, dass sie Gefühle zeigen und über ihre Ängste sprechen, aber Männer dürfen ja bekanntlich nicht weinen (oder „kriesche“ wie die Bläck Föös einst sangen). Und so dürfen sie eben auch keine Schwäche eingestehen und müssen sich selbst belügen, bis es nicht mehr geht. Darin ist man ja trainiert, bis der Körper dann irgendwann das Stoppsignal markiert und uns mit einer Magenverstimmung oder Migräne Schachmatt setzt.

Auch deshalb habe ich dieses Buch geschrieben – um für mehr Offenheit und größere Transparenz zu werben. Trauen Sie sich, sprechen Sie über Ihre Probleme! Befreien Sie sich aus der Opferrolle! Hilfe anzunehmen ist in Ordnung und tut gar nicht weh.

4.5 Wie alt sind die Betroffenen?

Wir haben ja bereits häufiger darauf verwiesen, dass Mobbing jeden treffen kann und weder geschlechts- noch altersabhängig ist. Dennoch möchte ich einen Blick auf die Altersstruktur unserer Ratsuchenden werfen.

Vielleicht lässt sich ja doch ablesen, ob es so etwas wie ein „Risikoalter“ für Mobbingattacken gibt.

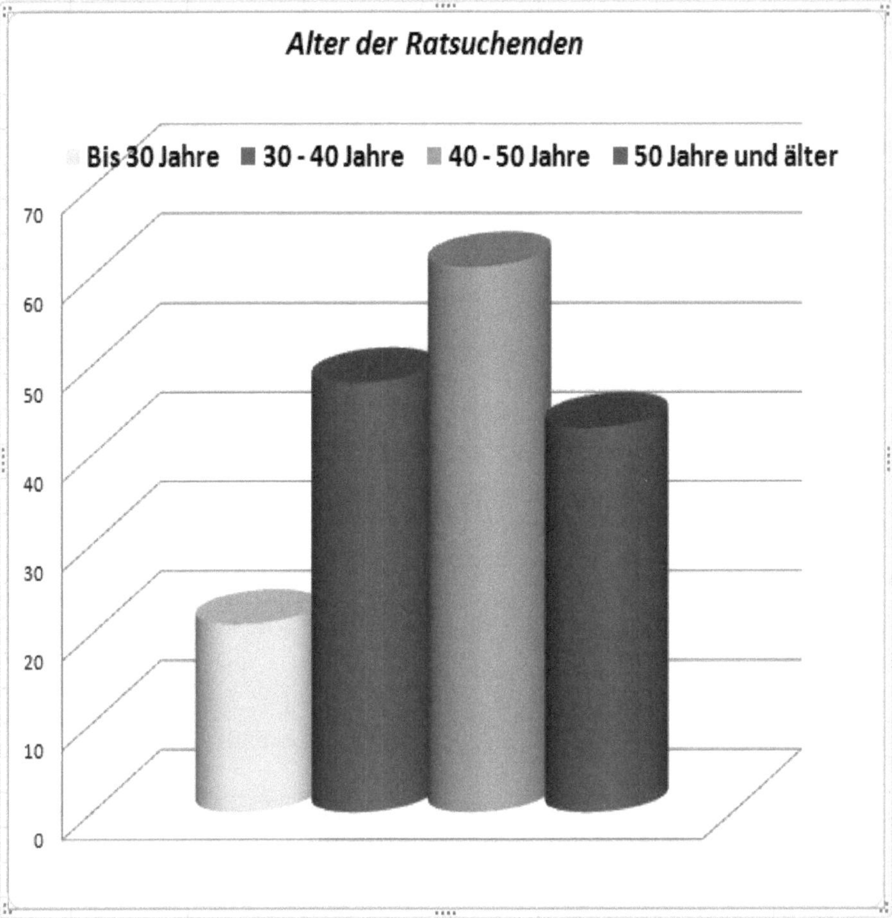

Auch diese Statistik sollte man richtig „lesen“. Auf den ersten Blick scheinen ältere und insbesondere jüngere Menschen nicht so intensiv von Mobbing betroffen zu sein. Das ist so allerdings nicht ganz korrekt. Insbesondere Auszubildende erleben sogar recht häufig Mobbingtendenzen. Sie sind durch ihre Unerfahrenheit in einer schwachen Position und werden von älteren Kollegen oftmals kritisch beäugt und getestet. Was kann ein junger Kollege ab? Wie weit kann man bei ihm gehen? Was hat er denn fachlich schon so drauf? Manch ein erfahrener Mitarbeiter nimmt „den Neuen“ ordentlich ran und führt ihn vor.

Jüngere Menschen legen die Mobbingsituation aber meist schneller ab und suchen sich eher eine neue Stelle als langjährig Beschäftigte. Daher „landen" sie einfach nicht so häufig in einer Beratungsstelle, die Dunkelziffer ist aber gerade bei jüngeren Menschen sehr hoch. Vielleicht beißt sich auch manch ein Zwanzigjähriger ohne professionelle Begleitung durch, weil er sich von Vater oder Großvater die Klassiker wie „Lehrjahre sind keine Herrenjahre" und ähnliche allzu kluge Leitsätze anhören muss.

Die älteren Mitarbeiter erleben ein ähnliches Schicksal wie die jüngeren – nur mit umgekehrten Vorzeichen. Während man der „Jugendfraktion" vorwirft, noch zu grün zu sein, erfolgt im Alter meist der Verweis auf eine schwindende Leistungsfähigkeit. Faktisch belegbar ist dies nur selten. Nachlassende Schnelligkeit gleichen erfahrene Beschäftigte nämlich mit einer entsprechenden Routine aus. Das Bestreben, ältere Angestellte loszuwerden, hat also meist wenig mit tatsächlichen Leistungseinbußen zu tun. Stattdessen geht es Betrieben häufig darum, sich eines hohen Kostenfaktors zu entledigen und genau das stellen langjährig Beschäftigte – rein wirtschaftlich gesehen – dar. Die menschlichen Tragödien, die sich abspielen, wenn eine 55jährige Mitarbeiterin plötzlich als zu teuer gilt und entsorgt werden soll, interessieren meist niemanden. Den „Luxus", sich bei Problemen schnell eine neue Stelle suchen zu können, haben ältere Menschen nicht, da ab einem bestimmten Alter die Alternativen fehlen.

Man muss bei Betrachtung der Statistik auch berücksichtigen, dass sie sich über einen Zeitraum von acht Jahren erstreckt. Während zu Beginn der Beratung vor allem bei den mittleren Jahrgängen eine starke Betroffenheit vorlag, zeigte sich zuletzt ein anderer Trend. Insbesondere in den Selbsthilfegruppen ist der Anteil der Betroffenen über 50 Jahre massiv gestiegen. Die Unternehmen leben also seit einiger Zeit eine auffällige „Altenfeindlichkeit" aus. In der Gesamtbetrachtung unserer Statistik bewegt sich das Mobbing nach wie vor „im Mittelalter". Auch dies kann irreführend sein. Womöglich suchen jüngere Betroffene noch nicht den Weg in eine Beratungsstelle, ältere Mitarbeiter suchen ihn hingegen nicht mehr so intensiv. Die aufgeführten Jahrgänge müssen also nicht zwangsläufig eine größere Mobbingrelevanz aufweisen, nur weil sie sich intensiver beraten lassen.

Ist man Ende 30, steckt man in mehrfacher Hinsicht „mittendrin". Womöglich gehört man dem Unternehmen bereits einige Jahre an und hatte vor, hier alt zu werden. Vielleicht ist man auch hinsichtlich einer Familienplanung schon recht weit fortgeschritten. Dann überlegt und prüft man genau, wie es weitergehen soll und nimmt vielleicht eher Hilfe in Anspruch. Auch sind die Jahre zwischen 30 und 50 meist besonders arbeitsreich. Einige studieren bis Mitte 20 und steigen erst dann ins Arbeitsleben ein. Somit halbiert sich die „Chance", in unsere Altersklasse von 20 bis 30 zu rutschen. Ältere Mitarbeiter gehen unter Umständen in Frührente und fallen somit schneller aus der „50 plus" Kategorie, aber wenn ich dem Arbeitsmarkt angehöre, dann bin ich zwischen 30 und 50 auf diesem auch präsent. So könnten sich die höchsten absoluten Zahlen im mittleren Altersbereich erklären.

Wie gesagt: Daraus abzuleiten, dass Mobbing hier auch am häufigsten stattgefunden hat, wäre möglicherweise nicht immer folgerichtig. Mobbing ist ohnehin keine Frage des Geburtsdatums. Es kann jeden treffen – egal ob jung oder alt.

4.6 Wer ist häufiger am Mobbing beteiligt – Männer oder Frauen?

Sollen wir die Frage eher aus der Opfer- oder Täterperspektive stellen? Es gibt grundsätzlich kein „geschlechtsspezifisches" Profil, Männer und Frauen sind gleichermaßen von Mobbing betroffen. Es sind zweifellos auch beide Geschlechter aktiv am Mobbing beteiligt. Dennoch erkennt man Unterschiede.
Für Frauen ist ein guter gesellschaftlicher Ruf wichtiger als für Männer. Benimmt ein Mann sich mal daneben, wird ihm ggf. ein „cooles" Image verpasst. Frauen hingegen läuft ein vermeintliches Fehlverhalten oftmals dauerhaft nach, weil es sich für sie nicht gehört, aus der ihr zugedachten Rolle zu fallen. Frauen wird gesellschaftlich ohnehin mehr abverlangt, da sie Beruf und Familie unter einen Hut bringen müssen, um entsprechende Anerkennung zu genießen. Im Gegensatz dazu wird Männern eine Vernachlässigung der Familie eher verziehen, solange sie beruflichen Erfolg haben. Daher registrieren Frauen frühzeitiger, wenn ihr Ruf leidet und sind bereit, etwas dagegen zu unternehmen. Frauen nehmen aber nicht nur schneller, sondern auch häufiger Hilfe in Anspruch.

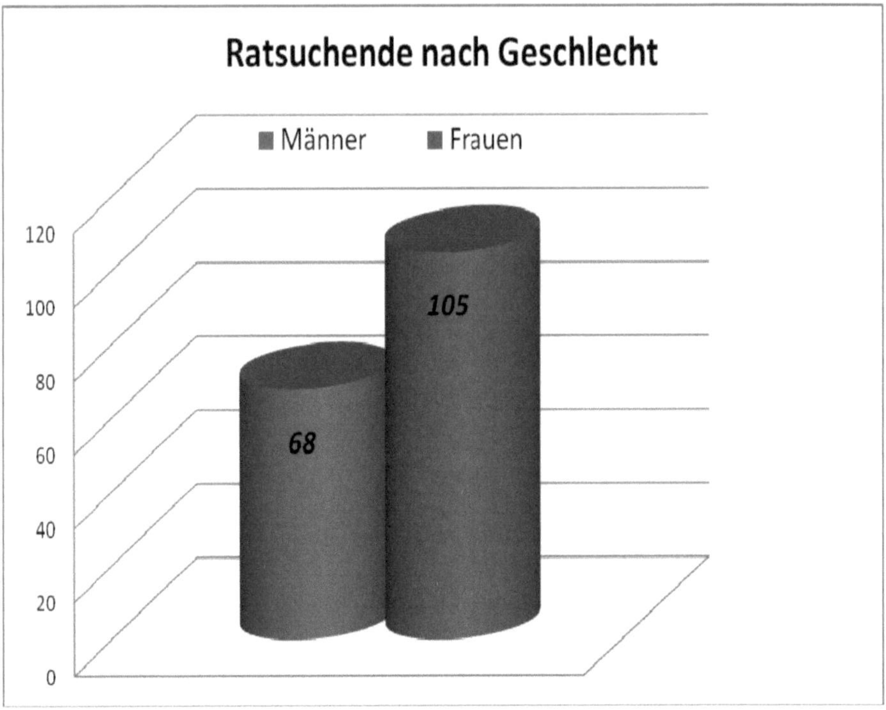

Daraus abzuleiten, dass es beim Mobbing primär Frauen trifft, halte ich aber nicht für zwingend zutreffend. Zugegeben – die Führungspositionen sind nach wie vor vielfach von Männern besetzt. Vielleicht können sich Männer aus dieser starken Position heraus Mobber eher „vom Leib halten".

Andererseits dürfte die Dunkelziffer beim starken Geschlecht deutlich höher sein, da Männer die Inanspruchnahme von Unterstützung zum Teil als persönliches Versagen werten. Ich bin doch ein Kerl, ein Macher. Mir darf sowas doch nicht passieren. Besonders demütigend ist für Männer, wenn sie von einer Frau gemobbt werden. Dies kratzt zusätzlich am eigenen Selbstverständnis. Ich erlebe hier jedoch zum Glück ein Umdenken. Sowohl in der Einzelberatung als auch in den Gruppen sind die Männer zunehmend stärker vertreten, bei manch einem Gruppentreffen sind sie gar in der Überzahl. Das werte ich als gutes Zeichen hinsichtlich eines gesellschaftlichen Umdenkens. Mobbing kann jeden treffen – egal, ob Männlein oder Weiblein. Und es ist weiß Gott keine Schande, Hilfe in Anspruch zu nehmen.

Ganz im Gegenteil: Es ist ein Zeichen von Stärke, sich jemandem anzuvertrauen und über seine Sorgen zu sprechen. Das scheint im Zuge einer intensiveren Auseinandersetzung mit dem Thema auch Männern allmählich bewusster zu werden.

Was man sagen kann: Arbeitsteams, in denen ein Geschlecht dominiert, können, müssen aber nicht gut funktionieren. Als problematisch erweist sich gelegentlich, der einzige Mann unter Frauen oder die einzige Frau unter Männern zu sein. Das beste Klima herrscht meist in gemischten Arbeitsteams, in denen Männer und Frauen gemeinsam arbeiten und kein Geschlecht deutlich in der Überzahl ist.

4.7 Gibt es den typischen Mobber bzw. das typische Opfer?

Wie sieht denn nun der typische Mobber aus? Warten Sie - ich bin gerade dabei, ein Bild von ihm zu zeichnen. Sorry, aber ich krieg´s nicht hin. Ich war nie der beste Zeichner, aber selbst wenn ich dieses Metier beherrschen würde, könnte ich das nicht bewerkstelligen. Wollen Sie auch wissen warum? Weil es den typischen Mobber nicht gibt!
Vielleicht sehen Sie einen Menschen mit verkniffenen Augen und verschlagenem Blick vor sich – jemanden, bei dem man auf drei Kilometern Entfernung wittert, dass er nicht ganz koscher ist. Leider funktioniert das nicht. Mobber sind oft perfekte Blender, die ihr Umfeld manipulieren können.

Wollen wir doch einmal versuchen, ein grobes Bild des Mobbers zu skizzieren?

Nun, Mobbing geht meistens vom Vorgesetzten aus, das haben wir ja bereits thematisiert. Während die Kollegen früher bei ihren Kleinkriegen eher unter sich blieben, mischen die Chefs inzwischen nicht nur kräftig mit, sondern sind oftmals Urheber des Ganzen – meist mit der nüchternen Zielsetzung, ältere oder zu teure Beschäftigte loszuwerden. Die Vorgesetztenposition wird nach wie vor meist von Männern eingenommen. Es gibt auch Statistiken, die darauf verweisen, dass etwa 60% der Mobber männlich sind.

Mitarbeiter, die dem Unternehmen noch nicht lange angehören, zeichnen sich meist nicht als klassische Mobber aus. Dies sind – jedenfalls nach meiner Erfahrung – eher langjährige Mitarbeiter, die über innerbetriebliche Strukturen und kollegiale Allianzen genau Bescheid wissen. So sind sie in der Lage, recht präzise einzuschätzen, wie sie dem auserkorenen Opfer am meisten schaden und welche Risiken sie bei ihrem Mobbingvorhaben selbst eingehen können.

Die von der Bundesanstalt für Arbeitsschutz und Arbeitsmedizin herausgegebene Broschüre „Wenn aus Kollegen Feinde werden" informiert darüber, dass etwa 70% aller Mobbingfälle von Mitarbeitern „verübt" werden, die zwischen 35 und 54 Jahre alt sind.[1]

Was machen wir nun mit oder aus diesen Statistiken? Bedeutet es, dass der typische Mobber männlich, in höherer Position, Mitte 40 ist und schon lange dem Unternehmen angehört? Solche Mobber mag es geben, aber ich kenne wohl genauso wie Sie auch Mobber(innen), auf die ganz andere Koordinaten zutreffen. Insofern bleibt unsere Suche nach dem klassischen Mobber wohl ein kompliziertes Puzzle mit vielen Teilen. Zu einem verlässlichen Täterprofil für Aktenzeichen XY reichen mir diese Statistiken jedenfalls nicht.

Ein Betroffener erzählte mir von einem iranischen Sprichwort, demzufolge ein schief gewachsener Baum nie mehr richtig gerade weiter wächst. Dies sei natürlich im übertragenen Sinne zu verstehen: Ein Mensch, der in jungen Jahren durch unfaires Verhalten in Erscheinung tritt, wird dies nie ganz ablegen können. Er bleibe sein Leben lang jemand, dem man nicht über den Weg trauen könne. Das würde für eine entsprechende negative Veranlagung sprechen. Da ist jemand, dem etwas Verwerfliches anhaftet, das ihn zum Mobberdasein prädestiniert.

Nun, man kann diese These vertreten, aber wenn es eine solche „kriminelle" Vorprägung geben sollte, dann scheint sie zumindest oft schwer erkennbar. Wie oft hören wir Geschichten von schrecklichen Gewaltverbrechern, die jahrelang Kinder missbrauchen oder gar von Mördern, die in ihrer Familie und ihrem beschaulichen Dörfchen ein Leben als vermeintlich ungescholtener Bürger führen. Niemand will je etwas Ungewöhnliches bemerkt haben und wenn plötzlich herauskommt, was dieser Mensch für ein schreckliches Doppelleben geführt hat – auf der einen Seite der fürsorgliche Ehemann und Vater, auf der anderen Seite der höchstkriminelle Gewaltverbrecher – dann fallen alle vom Glauben ab und

---

[1] Vgl. Bundesanstalt für Arbeitsschutz und Arbeitsmedizin, „Wenn aus Kollegen Feinde werden", S. 16

verstehen die Welt nicht mehr. Und jetzt erhoffen Sie sich, dass ich Ihnen den Prototyp des Mobbers skizziere? Leider muss ich Sie enttäuschen, das kann ich nicht.

Okay, werden Sie denken – wie ein Mobber aussieht, kann er uns nicht präzise sagen. Aber wie ein Mobber tickt vielleicht schon. Was haben diese Charaktere an sich? Welche Persönlichkeitsmerkmale zeichnen einen solchen Menschen aus? Ich muss Sie erneut enttäuschen. Es wäre bequem, sich den Mobber als von Neid zerfressenen und auf ganzer Linie gescheiterten Menschen vorzustellen, aber auch hier ist es nicht so einfach. Ja, Neid ist ein starkes Motiv für Mobbing – jemand ist attraktiver oder im Job besser. Man leidet unter dieser Konkurrenz und entscheidet, dass derjenige aus dem Weg geräumt werden muss. Zum Teil liegt man mit diesem Ansatz richtig. Ich glaube indes eine speziellere Persönlichkeitsstruktur festzustellen. Menschen, die andere schikanieren, handeln meiner Wahrnehmung nach aus einem Defizit heraus. Wer selbst stark ist, kann auch andere stärken. Wer selbst schwach ist, muss andere klein halten, um sich mächtiger zu fühlen. Im Grunde genommen ist dies nur ein Versuch, das persönliche Scheitern zu leugnen und sich selbst das Gefühl zu verschaffen, doch etwas - oder vielleicht eher jemanden zu beherrschen.

Hier sind wir bei einem weiteren Kriterium – Macht. Menschen, die andere Personen schikanieren, wollen damit sicher auch ein Stück weit ihr eigenes Ego befriedigen. Sie möchten sich stärker und überlegen fühlen. So nehme ich Mobber nicht selten als Menschen wahr, die andere erniedrigen, um sich damit in ihrer eigenen beschränkten Welt ein kleines Erfolgserlebnis zu verschaffen:

„Dem habe ich es gezeigt. Der wagt es nicht mehr, mich nochmal zu kritisieren."

„Die heult jetzt wieder und feiert krank – was für ein Weichei!"

So in etwa dürfte der Blick in die gespenstische Seele vieler Mobber aussehen. Hilft es dem Opfer in irgendeiner Form weiter, wenn er im Peiniger das sieht, was er häufig ist – nämlich ein ganz kleiner Mensch? Das weiß ich nicht, aber es holt den Mobber vielleicht etwas von seinem hohen Machtsockel herunter und stärkt die innere Überzeugung, sich auch einmal zu wehren. Dann bröckelt die äußere Machtfassade eines Mobbers nicht selten. Natürlich hängt das immer von der persönlichen Stabilität des Betroffenen ab. Wenn man zu angeschlagen ist, wäre eine Konfrontation wenig ratsam.

Es gibt also nicht „den Mobber“ schlechthin, sprich kein Abbild dieser Spezies, das repräsentativ im Duden erscheint. Man erkennt aber durchaus „Tendenzmobber“; d.h. einige neigen eher zur Machtdemonstration, während bei anderen klar das Neidmotiv vorherrscht. Einige genießen es so richtig, andere zu drangsalieren. Es scheint ihnen beinahe ein Lustgefühl zu bereiten. Wieder andere neigen einfach dazu mitzumachen, obwohl sie gar kein eindeutiges „Tatmotiv“ besitzen. Hier ist es womöglich der Gruppenzwang, der sie antreibt. Auch Angst kann ein Motiv für Mobbing sein, wenn der Kollege die eigenen Ziele gefährdet. Letztlich halte ich aber nicht viel von einer eindeutigen Typisierung des Macht- oder Lustmobbers. Oftmals vermischen sich auch bestimmte Motive miteinander, und eine klare Trennung ist gar nicht möglich. Deshalb sollte man das Geschehen lieber in seiner Gesamtheit betrachten. Nicht selten verlaufen Mobbingprozesse nämlich sehr dynamisch, und die Rollen und Motive verändern sich mit der Zeit.

Man kann aber feststellen, dass sich Mobbing mit dem geistigen Niveau des Täters wandelt. Schlaue Mobber bedienen sich intelligenter Methoden. Mobber unterscheiden sich also nicht nur in ihrer Intention und Ausrichtung, sondern auch in der Wahl ihrer Strategien. Je ausgebuffter ein Mobber ist, desto verdeckter und subtiler wird er handeln. Oftmals benutzt er andere Menschen, um seine Ziele zu erreichen. „Primitivere“ Mobber fallen häufiger mit der Tür ins Haus und tragen ihre Antipathie offener zur Schau. Hier gehören ein aggressiverer Umgangston und Beleidigungen zur Tagesordnung.

In Schulen wurde das Mobbing früher eher auf körperlicher Ebene ausgetragen. Eine physische Überlegenheit gehörte zur Grundausstattung des Mobberdaseins, um schwächere Mitschüler einzuschüchtern. Auch hier setzt jedoch eine Veränderung ein, und das Mobbing findet immer gezielter und effektiver statt.

Man erkennt beim Mobbing also große Unterschiede, und das macht es schwer, vor allem die abgeklärten, hochintelligenten Täter aufzuspüren. Mir sind Unternehmen bekannt, in denen ganz nüchtern und strategisch schikaniert wird, um spezielle Angestellte – bspw. ältere teure Mitarbeiter – loszuwerden. Es gibt mitunter sogar interne Schulungen, um Beschäftigte möglichst schnell zu entsorgen – frei nach der Devise „Wie mobbt man richtig?“

Wie bewerten wir nun das Mobbing? Welches „Monster“ sehen wir im Mobber und welches „typische Opfer“ im Gemobbten? Nun, i.d.R. kann man weder beim Angreifer noch beim Betroffenen klassische Persönlichkeitsprofile erkennen. Unter bestimmten Umständen kann so manche Person zum Mobber oder zumindest zum Mitwisser werden. Hat man der Familie einen baldigen beruflichen Aufstieg versprochen, der nun durch den aufstrebenden Kollegen gefährdet scheint? Oder schlägt man sich aus taktischen Gründen lieber auf die Seite des vermeintlich Stärkeren, um die eigene Haut zu retten? Vielleicht will man dem anderen grundsätzlich gar nichts Böses, trifft aber eine Entscheidung im eigenen Interesse, bei der man sich selbst nicht immer wohl fühlt.

Das macht es auch häufig schwer, Unterstützung im Kollegenkreis zu mobilisieren. Ich habe kürzlich in einer Fernsehsendung, die sich mit dem Mobbingthema beschäftigt hat, erstaunt einige Ratschläge für Betroffene vernommen. So wurde unter anderem empfohlen, mit dem Mobber zu sprechen und diesen nach seinen Motiven zu fragen. Außerdem sei es ratsam, andere Mitarbeiter anzusprechen und um Unterstützung zu bitten. Sie könnten doch hoffentlich helfen und intervenieren. Was auf den ersten Blick tatsächlich sinnvoll klingt, erweist sich in der Praxis jedoch meist als naives Wunschdenken. Der Mobber taugt nur selten zum sachlichen Gesprächspartner, Kollegen halten sich i.d.R. raus und wollen in solche Streitereien nicht verwickelt werden. So werden sie – wie bereits angedeutet – unter Umständen zu Mitwissern oder (quasi durch unterlassene Hilfeleistung) gar zu Mittätern, ohne wirklich etwas gegen das Opfer zu haben. Oftmals ist es eine Risikoabwägung, die zu dieser Entscheidung führt.

Ich möchte Ihnen diesbezüglich ein Beispiel geben. Vor einigen Jahren kam ein Mann mit folgender Geschichte in die Selbsthilfegruppe:

An einem ganz normalen Arbeitstag sei seine Vorgesetzte auf ihn zugekommen und habe ihm mitgeteilt, dass ein anderer Mitarbeiter rausgemobbt werden soll. Sie habe sich gar nicht die Mühe gemacht, ihr Vorhaben in irgendeiner Form zu verschleiern, sondern das Ganze wie eine alltägliche Anweisung ausgegeben – mit dem Auftrag an die Belegschaft, dies selbstverständlich mitzutragen.

Als unser ehemaliges Gruppenmitglied dieses Vorhaben boykottieren wollte und darauf verwies, dass er dann nicht mehr in den Spiegel schauen könne, begann für ihn sein ganz persönlicher Spießrutenlauf. Er wurde innerhalb von Sekunden vom vermeintlichen „Mitmobber“ selbst zum Opfer. Manchmal liegen diese Rollen also gar nicht so weit auseinander und hängen von einer Entscheidung ab, die man in Sekundenschnelle treffen soll. Hätte er sich wie seine Kollegen verhalten – angepasst und der Anweisung folgend – wäre ihm wohl vieles erspart geblieben. Dann hätte er jedoch persönliche Grundsätze aufgeben müssen, und das wollte bzw. konnte er nicht. Manchmal muss man für Zivilcourage einen hohen Preis zahlen. Er war dazu bereit, andere sind das nicht. Ob er sich vielleicht anders entschieden hätte, wenn ihm bewusst gewesen wäre, welche Leidensgeschichte er selbst im Anschluss daran durchmachen musste?

Die Moral von der Geschicht soll freilich nicht sein, dass man aus Selbstschutz mitmobben sollte. Stattdessen wäre es sinnvoll, solche Signale zu erkennen und andere Unterstützungsangebote zu mobilisieren – sei es das Staatliche Amt für Arbeitsschutz oder ähnliche Anlaufstellen, die eingreifen können.

Lassen Sie uns nach der Täterfrage nun verstärkt auf die Opfer eingehen: Gibt es denn hier ein eindeutiges Profil? Früher kursierten Vermutungen, dass es die Schwächeren erwischt - Menschen mit einem instabilen Nervenkostüm oder auch Personen, die fachliche Defizite aufweisen. Mein persönlicher Eindruck ist indes ein anderer. Meistens werden die Leistungsträger attackiert. Sie legen die Messlatte zu hoch und zwingen Kollegen, ebenfalls einen hohen Input zu geben. Das stört einige ganz gewaltig. So werden Exempel statuiert – auch als eine Art Disziplinierung der weiteren Belegschaft. Wenn man den Starken klein kriegt, dann gelingt das auch mit den anderen, so lautet die Botschaft.
Sicher ist die Leidensfähigkeit unter den Opfern unterschiedlich ausgeprägt. Hier muss der Mobber länger bohren, da geht es schneller. Aber glauben Sie mir – der Gegner findet rasch heraus, welchen neuralgischen Punkt er beim auserwählten Objekt seiner Begierde suchen und wie oft er in die Wunde stoßen muss.

Wichtig ist mir die Klarstellung, dass wir es beim Gemobbten nicht von vornherein mit einem gebrochenen Menschen zu tun haben. Es kann jeden treffen, und es ist nur eine Frage der Zeit, bis die Wirkungstreffer immer mehr schmerzen und schließlich Spuren hinterlassen. Hier gibt es nicht unbedingt prädestinierte schwache Kandidaten, sondern sie werden in einem perversen Spiel systematisch krank gemacht. Es erwischt Menschen, die mit beiden Beinen im Leben stehen. Sie sind einfach zur falschen Zeit am falschen Ort und jemandem ein Dorn im Auge. Niemals hätten sie sich zu träumen gewagt, was sie erleiden müssen.

Sicher sind Menschen in bestimmten Lebenssituationen anfälliger als in anderen. Gibt es familiäre Probleme oder ist man gesundheitlich angeschlagen, tappt man unter Umständen schneller in die Mobbingfalle – ganz einfach deshalb, weil die Möglichkeiten sich zu wehren oder das Ganze auszuhalten in angeschlagenem Zustand geringer sind. Letztlich kann das aber für fast jeden Menschen in einer problematischen Lage gelten und hängt meiner Meinung nach nicht mit einem bestimmten Persönlichkeitsprofil zusammen.

Natürlich gibt es auch Personen, die „sozial exponiert" sind und dadurch mehr auffallen. Menschen mit einer Behinderung, Personen mit einem extravaganten Kleidungs- oder Lebensstil, Homosexuelle, Ausländer, aber unter Umständen auch der eine Mann unter Frauen oder die einzige Frau in einer Männerdomäne – sie alle befinden sich, entweder freiwillig oder unfreiwillig, in einer Art Sonderrolle. Und wer auffällt, kann natürlich auch eher ins Visier eines Mobbers geraten.

Es gibt aber auch hier Gegenbeispiele. Wenn der einzige Mann unter Frauen der Hahn im Korb ist und sich pudelwohl fühlt oder die Frau von ihren männlichen Kollegen sprichwörtlich auf Händen getragen wird, stellt dies wohl ein ideales Gegenmodell zum Mobbing dar. Und ein etwas schriller Kollege muss wegen seiner Extravaganz nicht ausgegrenzt werden, sondern kann stattdessen auch als beliebter Paradiesvogel gelten, der Leben in die Bude bringt. Ob man zum Opfer wird, hängt also nicht unbedingt mit in der Person verankerten Auffälligkeiten zusammen, sondern ist eher eine Frage der Umstände, in die man gerät.

Findet man ein schwieriges, hektisches Arbeitsumfeld vor, kann einem das eher zum Verhängnis werden als eine körperliche oder charakterliche Besonderheit. Man wird es aber ohnehin nie allen recht machen können.

Als anschauliches Beispiel möchte ich auf ein Gleichnis verweisen:

Ein Mann reitet auf einem Esel, seine Frau und sein Sohn gehen daneben zu Fuß. Der Vater hört die Kommentare der Menschen, die ihm zurufen:

„Seht Euch den Mann an. Er ist so kräftig und könnte zu Fuß gehen, warum lässt er nicht Frau und Kind reiten?“

Nachdenklich steigt er vom Esel und lässt Frau und Kind reiten. Als sie die nächste Menschengruppe erreichen, hören sie andere kritische Stimmen:

„Schaut Euch den Mann an, er schuftet Tag für Tag und kümmert sich um seine Familie – und nun setzt er sich noch nicht einmal aufs Tier. Hat er denn keinen Stolz im Leib?“

So setzen sich alle auf den Esel und reiten gemeinsam weiter. Die nächste Menschengruppe, die sie passieren, tönt empört:

„Seht Ihr diese Unmenschen? Sie werden dem armen Tier den Rücken brechen. Zumindest der Mann könnte doch zu Fuß gehen.“

Schließlich steigen alle ab und gehen neben dem Esel. Wenig später registrieren sie Gelächter und Lästereien:

„Seht Ihr diese Narren? Sie haben ein Tier und niemand reitet darauf!“

Es gibt zahlreiche Gleichnisse, Redewendungen oder dergleichen. Sie erinnern uns daran, dass wir unseren eigenen Weg gehen müssen. Egal, was Sie tun – es wird immer Kritiker geben. Wenn es jemand auf Sie abgesehen hat, geraten Sie in dessen Visier – selbst wenn Sie sich tadellos verhalten. Vor Mobbing ist also niemand gefeit, und die Mär vom typischen Mobbingopfer glaube ich nicht.

4.8 Wo wird am meisten gemobbt?

Gemobbt wird in allen Berufssparten. Einen „unschuldigen“ Berufszweig, in dem alle eine weiße Weste haben, gibt es sicher nicht. Zu meiner „Kundschaft“ gehören Bankangestellte wie Metzger, Kindergärtnerinnen wie Ärzte, aber auch Schüler und Vereinsmitglieder. Ja, Sie hören richtig. In Vereinen geht es mitunter hoch her. Natürlich ist das in seiner Tragweite nicht mit Mobbing am

Arbeitsplatz oder in der Schule vergleichbar, da man in einem Verein jederzeit seine Mitgliedschaft kündigen kann, während man seinen Arbeitsplatz oder die Schule sicher nur ungern wechseln möchte.
Wir sollten uns vom Gedanken befreien, dass es den klassischen Mobbingbereich gibt – eine Art Sperrzone, dessen Betreten einen beißenden Mobbingvirus freisetzt. So wie es nicht den typischen Mobber und Gemobbten gibt, treffen wir auch nicht „die Berufssparte“ an, in der sich die Mobber wie hungrige Piranhas tummeln. Letztlich ist es immer eine Frage der Umstände, in die man gerät. So kann auch der beste Schwimmer untergehen, wenn ihn ein Unwetter überrascht.

Gleichwohl gibt es Arbeitsbereiche, in denen „Mobbingviren“ besser wachsen und gedeihen. So begünstigt die Struktur einer Verwaltung, in der viel kommuniziert werden muss und der eine Mitarbeiter von den Informationen des anderen abhängt, Mobbing natürlich enorm. Wenn man einen Beschäftigten von Informationen abschneidet, hat dieser in einem solchen Umfeld kaum eine Überlebenschance. Hier bietet das Büro ideale Möglichkeiten, einen Kollegen zu „entsorgen“.
Ein Installateur ist da sicher unabhängiger, wenn er entsprechendes Werkzeug mit dabei hat und sein sprichwörtliches Handwerk versteht. Im übrigen ist die Mentalität „auf dem Bau“ generell eine andere als im Büro. Hier ist der Umgangston meist etwas rauer, aber i.d.R. ehrlicher. Oftmals spült ein (gemeinsames) Bier den angestauten Frust hinunter und vieles ist vergessen. Leider erlebe ich aber auch hier allmählich eine Veränderung. Intrigantes Verhalten erfasst nämlich zunehmend auch Schweißer, Schlosser oder Maurer. Hier ist es aber in erster Linie das klassische Bossing, also Mobbing von Vorgesetzten ausgehend. Der kollegiale Zusammenhalt scheint hier nach wie vor gegeben.

Neben dem Büro als klassischen „Mobbingtatort“ gibt es jedoch noch einen weiteren Berufszweig, der stark von Mobbing betroffen ist – nämlich den sozialen Bereich. Gerade hier geht man häufig wenig sozial miteinander um. Warum das der Fall sein könnte, werden wir gleich etwas genauer betrachten.

Lassen sie uns also überprüfen, ob Krankenschwestern oder Bürokaufmänner den berühmten Hammer tatsächlich eher auspacken als der „echte“ Handwerker.

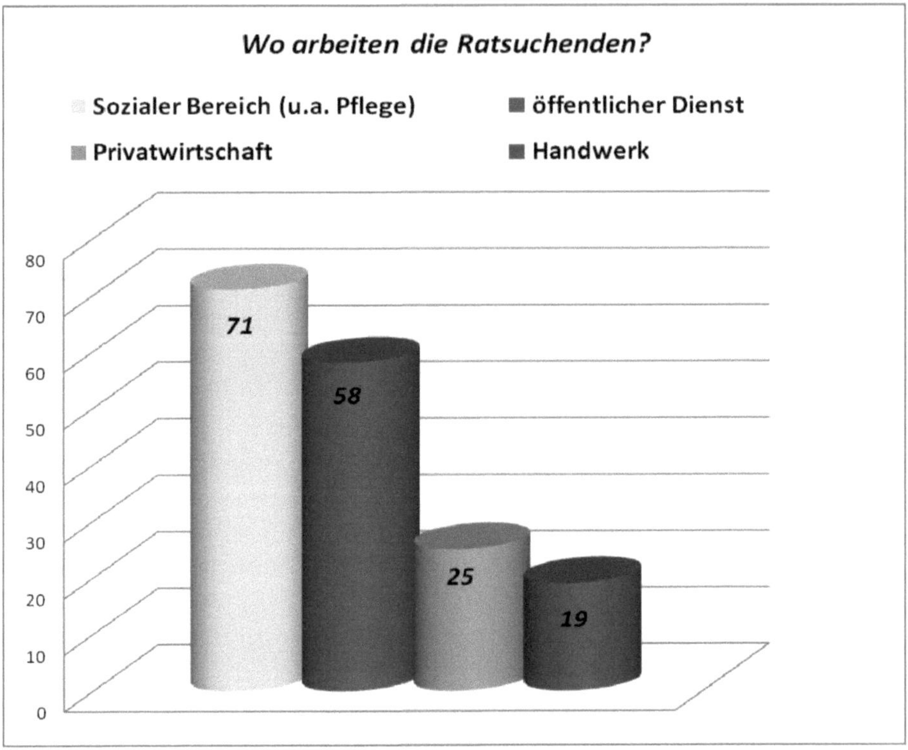

Wir sehen „eindrucksvoll" bestätigt, was wir bereits angedeutet haben. Sozial nennt sich der Beruf oft nur auf dem Papier, der Umgang miteinander verdient leider eher ein kleines ergänzendes „a" als Vorsilbe. Die konkrete Erwähnung der Pflege ist ganz bewusst erfolgt. Betroffene aus diesem Bereich gibt es nämlich wie das berühmte Sand am Meer.

Aber warum ist das so? Wie kann es sein, dass Menschen mit einem pflegenden oder sozialen Auftrag ihre Kollegen so wenig pfleglich behandeln? Nun, vielleicht liegt gerade hier das Problem. Womöglich ist manch ein Pflegender mit einer hohen ideellen Erwartungshaltung an sich und sein berufliches Umfeld gestartet und erlebt die Realität nun als bittere Pille, die für Frust sorgt. Wer empfindet schon Freude an seinem Beruf, wenn ihm jeder Handgriff zeitlich vorgegeben wird? Waschen, schneiden, legen gibt es auch im Pflegeheim, aber bitte auf die Sekunde genau. Dass da von der eigentlichen Berufung früher oder später nicht mehr viel übrig bleibt, liegt auf der Hand. Dann muss man abwägen:

Halte ich mich zwanghaft an die zeitlichen Vorgaben (bzw. versuche ich es zumindest so gut wie möglich) oder „lasse ich auch mal Fünfe grade sein“ und ignoriere die kalkulierten Zeitfenster des Medizinischen Dienstes? Sich etwas Zeit für den Menschen zu nehmen, kann aber mit betrieblichen Interessen kollidieren, weil man im Zeitplan hängt. Sie erkennen das Dilemma, das letztlich für Konfliktstoff sorgt.

Man sollte auch berücksichtigen, dass Menschen, die im sozialen Bereich tätig sind, häufig mit Problemen und Schicksalen konfrontiert werden. Dies kann eine große emotionale Erschöpfung zur Folge haben. Psychisch angeschlagen ist man dann möglicherweise nicht mehr so gut in der Lage, dagegen zu halten oder Konflikte auszupendeln. Vielleicht geraten gerade diese Menschen mit „Helfersyndrom“ eher in eine Opferrolle und suchen den Weg in die Beratung. Vielleicht ist das Ganze aber auch viel banaler. Soziale Berufe sind bereits seit einigen Jahren vermehrt vom Stellenabbau betroffen. Dies verursacht Ängste und fördert einen rücksichtsloseren Konkurrenzkampf, der wiederum Mobbingprozesse auslösen kann.

Wie wir sehen, ist auch der öffentliche Dienst häufig von Mobbing betroffen. Dass Mobbing unter Bürobedingungen wachsen und gedeihen kann, haben wir ja bereits erklärt. Aber warum kommt es überhaupt dazu? Hier könnte das Phänomen des Lagerkollers greifen. Man hockt sich quasi den ganzen Tag auf der Pelle – womöglich allenfalls durch einen Tisch oder eine dünne Wand voneinander getrennt. Irgendwann kennt man jeden schlechten Witz des Kollegen und weiß genauso detailliert um dessen Familienstammbaum. Früher oder später ist man schon genervt, wenn dieser sich nur die Nase putzt. Dieses Szenario kennen wir wohl alle – eine Menschengruppe auf engem Raum zusammengepfercht und schon sind Konflikte vorprogrammiert, da man keinen persönlichen Freiraum hat.

Im öffentlichen Dienst kommt dann noch ein verschärfender Faktor hinzu – die sprachliche „Kompetenz“. Zwar kann man Mobbern die soziale Kompetenz absprechen, der „Büromobber“ weiß aber sehr genau, wie er andere verbal verletzen kann. Ihm ist bewusst, dass die feine Klinge oft vielmehr schmerzt als die verbale „Kettensäge“. Deshalb trifft eine Kränkung hier punktgenau und tut besonders weh. Dann wird der vermeintlich luxuriöse Beamtenstatus unter Umständen zum Fluch, da man diesem nicht so leicht entfliehen kann.

Neben diesen „Kernbereichen des Mobbings“ fanden auch Betroffene aus der Privatwirtschaft den Weg in die Beratung. Dies sind – wie bereits einleitend erwähnt – Banker und Kellner, Kassierer und Autoverkäufer. Es gibt kaum eine Branche, die sich von Mobbing gänzlich freisprechen kann. Hier verteilt sich das Ganze recht breitgefächert auf viele verschiedene Bereiche und verdichtet sich nicht so sehr wie bspw. in der Pflege.

In der letzten Zeit finden auch immer mehr Schüler den Weg in die Beratung. Diesbezüglich begleite ich eine aktuelle Studie hinsichtlich mehrerer Schulen in Nordrhein-Westfalen.

Es zeigt sich also alles in allem ein differenziertes Mobbingbild mit wachsender Intensität. Diese Seuche wird uns demnach auch zukünftig mehr denn je begleiten.

4.9 Wie läuft Mobbing eigentlich ab?

Bitte erwarten Sie hier keine detaillierte Schilderung. Wir könnten diverse Verlaufsmodelle erstellen, doch da dies in den meisten Ratgebern der Fall ist, möchte ich das nicht zu ausführlich tun. Man kann aber festhalten, dass Mobbing nicht linear erfolgt. Es lässt sich in seinem Verlauf also nicht genauestens prognostizieren. Oftmals verläuft das Ganze in Wellenbewegungen, es geht also auf und ab; zum Teil zieht es sich über Jahre hinweg. Manchmal entsteht gar eine Mobbingpause, wenn der Mobber das Erstziel – sein Opfer anzuknocken oder gravierend zu schwächen – zunächst einmal erreicht sieht.
Vielleicht gerät auch ein anderer Kollege zwischenzeitlich mehr in die Schusslinie. Mobbing ist dynamisch. So wird womöglich vorübergehend – verzeihen Sie den Ausdruck –„eine andere Sau durchs Dorf getrieben“. Das Perfide daran ist, dass der Betroffene nicht selten Hoffnung schöpft und sich in Sicherheit wägt. Leider ist der Mobber jedoch häufig in der Lage, das Geschehen schnell wieder anzuheizen – quasi wie bei einem Rennwagen, den man rasch zurück auf Hochtouren bringt.

Meist steht am Anfang ein ungelöster Konflikt, der aus einer Kleinigkeit entstehen kann. Den wenigsten Mobbingfällen liegt von vornherein ein tiefer Graben der Konfliktgegner zugrunde, oftmals entsteht dieser erst mit der Zeit.

Etwa ein Viertel der Mobbingbetroffenen sieht sich gar nicht in der Lage, den Anfangszeitpunkt, geschweige denn den Grund der Angriffe zu benennen. Erst wenn sich ihre Position merklich verschlechtert und eine zunehmende Ausgrenzung spürbar wird, schrillen bei einigen Opfern die Alarmglocken – zunächst noch leise, dann zunehmend lauter. Wie lange man schon gegen sie arbeitet und wer daran beteiligt ist, erfahren sie meist erst viel später oder gar nicht. Manchmal genügt ein Ereignis, und das Ganze nimmt seinen Lauf. Es kann ein Machtkampf um einen Geschäftsabschluss sein, vielleicht möchten auch zwei Kollegen um das Lob des Chefs buhlen oder vor einem Kunden gut da stehen. Nicht selten ist eine längere Krankschreibung der Grund für schlechte Stimmung, wenn der Betriebsleiter oder die Belegschaft dies nicht verzeiht. Manchmal ist es aber auch viel banaler. Wer die Frau des Chefs beim Bankett nicht freundlich genug grüßt, kann bei diesem bereits in Ungnade fallen.
Dann entstehen Prozesse und die anfangs noch flapsig gemeinten Sprüche werden plötzlich schärfer oder ein und derselbe Mitarbeiter bekommt es auf einmal immer mit dem unangenehmsten Kunden zu tun – hohes Beschwerdepotenzial inklusive. Was man zu Beginn häufig noch ignorieren kann (oder zumindest will), wird mit der Zeit zunehmend schwieriger. Es ist wie eine Schlinge, die der Mobber immer mehr zuzieht – bis sein Opfer schließlich Wirkung zeigt.

Oftmals setzt auch eine Personifizierung des Konflikts ein. Die sachliche Auseinandersetzung rückt in den Hintergrund oder entfällt gänzlich. Stattdessen wird der Streitgegner zum Problem erklärt. Die Schlussfolgerung lautet dann: Ist er weg, dann hat sich auch mein Problem gelöst. Feige daran ist vor allem, dass sich das Opfer früher oder später nicht mehr in einer eins zu eins Situation befindet, sondern Kollegen auch – leider oftmals erfolgreich – vermittelt wird, wie unfähig und unkollegial der Betroffene doch ist. Und leider gehen nur die wenigsten Mitarbeiter auf den vermeintlich komischen Kauz zu und machen sich ihr eigenes Bild. Es ist ja schließlich viel bequemer, Meinungen zu übernehmen, anstatt selbst das Gespräch zu suchen. Manch einem Kollegen kann man vielleicht auch gar keinen großen Vorwurf machen. Viele Gemobbte laufen irgendwann tatsächlich „komisch“ durch die Firma, wirken unkonzentriert und orientierungslos.

„Hatte er also Recht, das ist ja wirklich ein seltsamer Typ“

oder

„Den würde ich auch nicht ansprechen“

klingt es dann von Kollegenseite.

Fraglich ist hierbei nur, ob das Opfer schon immer etwas eigenartig war oder unter dem Druck der Attacken seltsame Verhaltensweisen entwickelt hat. Diese Frage stellen sich die Kollegen i.d.R. nicht.

Der Prozess der Stigmatisierung beginnt und ist – einmal in Gang gesetzt – nur noch schwerlich zu stoppen. Der Gemobbte fühlt sich wie ein Aussätziger behandelt, beinahe so als habe er eine ansteckende Krankheit. Diese gezielte Form der Ausgrenzung – gepaart mit der Vorenthaltung von Informationen – ist zumeist der Hauptbestandteil von Mobbingprozessen. Im Boxen würde man hier wohl von einer effektiven Kombination sprechen, die den Gegner auf Dauer zermürbt. Auch beim Mobbing wirkt dies wie ein Gift, das seine Wirkung langsam entfaltet. Vielleicht kann man sich eine Zeit lang alleine durchkämpfen, aber man ist quasi gezwungen, doppelt so viel zu leisten, da das soziale Gefüge und die Informationswege verstellt sind.

Der Mensch ist ein soziales Wesen, nicht umsonst wird die Isolationshaft von Gefangenen als schwerwiegendste Form der Geißelung geschildert. Und was glauben Sie, wie lange man „überlebt“, wenn einem fachliches Kernwissen vorenthalten wird? Das ist ungefähr so, als müsste man das „Einmaleins“ beherrschen, ohne die Zahlen zu kennen oder Englisch lernen, ohne dabei ins Übersetzungsbuch schauen zu dürfen. Ein Scheitern ist vorprogrammiert und von Ihren Gegnern meist präzise geplant. Es werden sich also früher oder später bei nahezu jedem Betroffenen die Fehler häufen. Aber was geschieht dann? Spricht man mit dem Mitarbeiter und versucht die Fehlerquellen zu ermitteln? Bietet man ihm Hilfe an, damit er seine gewohnte Leistungsfähigkeit wiedererlangt? Durch eine entsprechende Analyse ließe sich der Mobbinghergang prüfen. Die Realität ist jedoch meist eine andere: Lässt die Leistung eines Angestellten nach, bleibt diesem i.d.R. auch die Unterstützung versagt. Nur wenige Arbeitgeber prüfen detailliert, welche Hilfsmöglichkeiten es gibt.

Machen wir uns nichts vor: Für viele Betriebe sind die Mitarbeiter in erster Linie Mittel zum Zweck. Rechnet es sich, sind sie willkommene Erfüllungsgehilfen. Kann man die Kuh aber nicht mehr melken, hat sie meist ihre Schuldigkeit getan. Deshalb trifft es auch verstärkt ältere Mitarbeiter. Werden sie zu teuer oder sind sie nicht mehr so belastbar, reagiert der Arbeitgeber häufig weniger geduldig und verständnisvoll.

Letztlich hat dieses Prozedere aber weniger mit dem Alter zu tun: Lässt – durch das Mobbing geschwächt – die Leistung nach, hat ein Betroffener wenig Argumente. Meist folgt das interne Abstellgleis, dem Gemobbten sind betriebliche Perspektiven verbaut. Es ist eine Frage der Zeit, bis das Opfer von sich aus geht oder erkrankt. Nicht wenige fallen langfristig aus und benötigen intensive medizinische Unterstützung, um wieder Fuß zu fassen.

Einer Untersuchung der Bundesanstalt für Arbeitsschutz und Arbeitsmedizin zufolge kündigten 20% der Mobbingopfer im Zuge der Auseinandersetzungen selbst, um ihrer Leidenszeit ein Ende zu setzen. Mehr als 30% der Betroffenen erklärten sich mit einer innerbetrieblichen Versetzung einverstanden. Etwa ein Viertel wurde mindestens einmal abgemahnt, rund 15% erhielten die Kündigung. Ungefähr 15% der Gemobbten stimmten einem Aufhebungsvertrag zu und verließen schließlich das Unternehmen.[2]
Damit sind die Probleme leider nicht gelöst. Viele Betroffene bleiben noch für längere Zeit arbeitslos. Oftmals hinterlässt das Erlebte tiefe Spuren und es braucht Zeit, bis man wieder Vertrauen und eine entsprechende Basis aufbauen kann. An fast niemandem geht das erlebte Mobbing ohne Blessuren vorbei.

Ob ein ungelöster Konflikt, der sich entwickelt hat oder eine von langer Hand geplante Ausgrenzung – die Richtung, in die sich das Geschehen entwickelt, ist hierbei meist vergleichbar. Setzt womöglich zwischenzeitlich mal eine „Entspannung“ ein, bleibt dennoch festzuhalten: Ist erst einmal ein spätes Konfliktstadium erreicht, gibt es meist kein Zurück mehr. Wir können uns dies wie eine Straße vorstellen, die immer enger wird. Hier kann das innere Navigationssystem dann noch so oft das „Bitte wenden“ Signal aussenden. Die Straße ist jedoch inzwischen viel zu schmal, um zum Ausgangspunkt zurückzukehren.
Sie können auch an eine Katze denken, die recht schnell den Baum erklimmt, aber schließlich von der Feuerwehr „gerettet“ werden muss, weil der Abstieg plötzlich schwieriger erscheint. Einen Konflikt zu entfachen, ist nicht schwer.

---

[2] Vgl. Bundesanstalt für Arbeitsschutz und Arbeitsmedizin, „Wenn aus Kollegen Feinde werden“, S. 22

Den Brand in den Griff zu bekommen, erfordert hingegen – um beim Bild der Feuerwehr zu bleiben – eine besondere Form der Löschkunst.

4.10 Welche Ursachen für Mobbing gibt es?

Werden Menschen gemobbt, weil sie „komisch" sind oder werden sie komisch, weil man sie mobbt? Diese bewusst provokant gestellte Frage soll ein wenig dafür sensibilisieren, was Mobbing bei bzw. mit den Opfern anrichtet.
Es rückt auch die Thematik in den Mittelpunkt, ob Betroffene durch eine optische oder verhaltensbedingte Besonderheit in den Fokus des Mobbers geraten. Dass man sich durch das Mobbinggeschehen ein Stück weit verändert, ist indes anzunehmen. Man wird kritischer, misstrauischer und zieht sich womöglich auch zurück, um nicht mehr verletzt zu werden. Manch ein Mobber sieht sich dann in seiner kruden Theorie bestätigt, dass mit dem Gemobbten ja irgendwas nicht stimmt. Hier sind wir aber eher bei den Folgen des Mobbinggeschehens gelandet.

Zurück zur Ursachenforschung: Wir haben ja bereits skizziert, dass es das klassische Opfer nicht gibt. Dennoch wissen Sie genau so gut wie ich, dass Mobbing nicht mal eben so passiert, weil es regnet und jemand deshalb schlechte Laune hat. Okay, so kann es vielleicht beginnen. Manchmal entspringt Mobbing Nichtigkeiten, die kaum nachvollziehbar sind. Aber früher oder später greift eine Strategie, die mit Zufälligkeiten nicht mehr viel zu tun hat. Da sieht ein Kollege oder Chef Sie als Hindernis an, das aus dem Weg geräumt werden muss. In diesem Fall geht es meist um

4.10.1 Persönliche Motive für Mobbing

Dass Sie zum tragischen Mobbingobjekt der Begierde werden, kann viele Gründe haben. Vielleicht sticht man tatsächlich durch eine Besonderheit heraus und gerät dadurch leichter in eine Außenseiterposition. Aufzufallen bedeutet allerdings nicht zwangsläufig, dadurch auch einem erheblich höheren Mobbingrisiko ausgesetzt zu sein. Über den Paradiesvogel als vermeintlichen Sympathieträger haben wir schon gesprochen.

Manchmal führt eine detaillierte Ursachenforschung nicht zum Ziel. Es kann sein, dass Menschen sich schlichtweg nicht riechen können. Es muss nicht unbedingt ein massives Ereignis stattfinden, das zum großen Knall führt. Zum Teil stehen die Koordinaten zwischen Personen einfach nicht gut, und der Ärger ist vorprogrammiert. Wahrscheinlich kennen wir das alle: Manchmal hat man Menschen um sich herum, mit denen man gut harmoniert, ohne sich dafür anstrengen zu müssen. Wir dürften aber auch alle mit der gegenteiligen Situation vertraut sein. Da steht irgendwie etwas zwischen uns und der anderen Person. Das ist oftmals gar nicht greifbar oder objektiv zu begründen, irgendwie passt es einfach nicht. Jetzt gibt es zwei Möglichkeiten – entweder man sucht nach einem Weg, mit dem Gegenüber und seinen „Macken“ klarzukommen oder man macht ihm das Leben schwer. Zum Teil ist das gar keine ganz bewusste Entscheidung, sondern eher eine Entwicklung, deren Dynamik ab einem bestimmten Zeitpunkt schwerlich steuerbar ist. Wenn eine andere Person einen Spruch bringt, findet man ihn recht originell, aber wenn dieser besagte Kollege den Mund aufmacht, ist man nur noch genervt. Da genügt dann schon eine ungeschickte Äußerung oder ein kleiner Fehler, und es geht in eine gefährliche Richtung.

Vielleicht hat man auch den Eindruck, dass ein Kollege bevorzugt behandelt oder zu stark wird. Da muss gar nichts dran sein. Oftmals reicht schon das Gefühl, um Antipathie gegen den vermeintlichen Rivalen zu entwickeln.
In einem anderen Fall wird gezielt ein Exempel statuiert, um Fakten zu schaffen und die Rangordnung sicherzustellen. Es gibt also vielfache Hintergründe, anderen Menschen das Leben schwer zu machen.

Die bereits angesprochene Broschüre für Arbeitsschutz und Arbeitsmedizin hat Mobbingopfer gebeten, Motive der Mobber zu benennen. Inwiefern die Antworten der Betroffenen tatsächlichen Einblick in die Gedankenwelt des Täters gewähren, ist nicht zu 100 Prozent feststellbar. Schließlich wird kaum ein Mobber dem Gegner hinsichtlich seiner Motive reinen Wein einschenken. Und vom Angreifer die Wahrheit zu erwarten, wäre so als würde man Baron Münchhausen zum Wahrheitsapostel küren.
Obwohl über die wahren Gründe der Täter nicht immer Klarheit besteht, herrscht bei den Betroffenen Einigkeit hinsichtlich der vermeintlichen Ursachen. So verweisen etwa 60% der Befragten darauf, dass sie als Konkurrenz wahrgenommen wurden und sich aufgrund von unerwünschter Kritik schikaniert sahen. Knapp 40% erklären sich die Angriffe mit Neid und einer starken eigenen Leistungsfähigkeit. Dies bestätigt unsere These, dass es eben nicht die „grauen Mäuse“, sondern vor allem leistungsstarke Mitarbeiter trifft. Legen Sie die Messlatte

hoch oder sind überdurchschnittlich gut, wirken Sie bedrohlich und geraten in die Schusslinie von Kollegen, die sich vor Ihnen fürchten. Der Mobber ist häufig nicht stark und selbstbewusst, sondern greift – angetrieben durch die eigene Unsicherheit – zu unfairen Mitteln, weil er Sie im fairen Wettkampf nicht bezwingen kann.[3]

Lediglich 23% der Befragten sahen sich wegen ihrer angeblich unzureichenden Leistung gemobbt. Inwieweit diese Anklage der Realität entspricht oder lediglich ein konstruiertes Erklärungsmodell des Mobbers darstellt, bleibt fraglich. Individuelle personengebundene Aspekte wie Aussehen oder Nationalität wurden von den wenigsten Befragten als Mobbingursache ausgemacht.
Neben diesen zum Teil schwerlich beeinflussbaren Faktoren im zwischenmenschlichen Bereich gibt es aber auch glasklare Motive, einen Mitarbeiter loszuwerden. Wenn jemand zu alt oder zu teuer wird, wenn seine Gesundheit nicht mehr so mitspielt, dann wird die Person ausgemustert.

Welche persönlichen Motive auch vorliegen – man darf vermuten, dass die Arbeitsplatzsituation als solche das Geschehen entscheidend mit beeinflusst. Daher lohnt ein Blick auf betriebliche Faktoren, die Mobbing begünstigen.

4.10.2 Betriebliche Ursachen für Mobbing

Herrscht ein Betriebsklima, in dem Kritik unerwünscht ist, wird dies zweifelsohne Mobbing fördern, da Probleme nicht transparent gelöst werden. Auch eine unklare Aufgabenverteilung oder ständige Unsicherheit hinsichtlich der betrieblichen Erwartungshaltung schaffen einen idealen Nährboden für (durch organisatorische Defizite ausgelöstes) Mobbing. Hier werden früher oder später gravierende Fehler passieren, und dann sucht man nicht nur krampfhaft nach Lösungen, sondern vor allem nach einem Schuldigen, den man für das Desaster verantwortlich machen kann.

Lassen Sie mich einen kurzen Exkurs in die Welt des Fußballs wagen: In den wenigsten Vereinen sind Trainer langjährig beschäftigt. Nach einiger Zeit nutzen sich Methoden und Motivationstechniken ab. Früher oder später rebellieren

---

[3] Vgl. Bundesanstalt für Arbeitsschutz und Arbeitsmedizin, „Wenn aus Kollegen Feinde werden", S. 17

die Spieler und beklagen eingefahrene Strukturen. Es ist wichtig, immer neue Reize zu setzen.

Während man in den meisten Unternehmen nicht den Alltag eines Fußballvereins durchlebt, so gilt es doch ähnliche Herausforderungen zu meistern. Über- oder unterfordert man die Mitarbeiter, so werden sie früher oder später gefrustet reagieren. Diese Unzufriedenheit kann schließlich Konflikte auslösen. Während die Überforderung Ängste schürt und Stress verursacht, hat die Unterforderung den gegenteiligen Effekt. Sie bringt Menschen dazu, sich aufgrund fehlender Auslastung Nebenkriegsschauplätze zu suchen. Beide Szenarien könnten die Mitarbeiter ins Mobbing treiben. Hier sprechen wir bereits über die inhaltliche Ausgestaltung der Arbeit. Es geht aber auch darum, vernünftige Rahmenbedingungen für die Mitarbeiter zu schaffen. Bin ich dauerhaft einer störenden Geräuschkulisse ausgesetzt? Ist mein Arbeitsplatz so „ungemütlich“, dass ich mich von vornherein nicht wohl fühle?

Lassen Sie mich noch einmal zum Fußball zurückkehren: Wie gut wird eine Mannschaft spielen, wenn der Platzwart den Rasen nicht in Schuss hält? Wie erfolgreich kann man trainieren, wenn Fans ständig den Platz stürmen? Wie kann ich mit einem Sponsor über einen erfolgreichen Vertragsabschluss verhandeln, wenn es ständig Negativschlagzeilen hinsichtlich vereinsinterner Unruhen gibt?
Sie und ich werden wahrscheinlich nicht hauptamtlich bei einem Fußballclub beschäftigt sein. Es ging mir lediglich darum, aufzuzeigen, wie wichtig die Rahmenbedingungen sind. Greift nicht ein Rädchen ins andere, wird man nie den größtmöglichen Erfolg haben – selbst wenn das (in diesem Fall fußballerische) Personal ausgezeichnete Fähigkeiten mitbringt.

Stimmt der Rahmen, lässt es sich innerhalb dieses Kosmos ganz anders arbeiten. Funktioniert aber bspw. die interne Kommunikation nicht richtig, ebnet das Mobbern den Weg. Der regelmäßige Austausch von Informationen ist nicht gewährleistet, wodurch Gerüchte entstehen und intrigiert werden kann. So können Konflikte entstehen oder gar bewusst gesteuert werden. Kommen Spekulationen hinsichtlich eines Personalabbaus oder geplanter Umstrukturierungsmaßnahmen auf, ist deren Wahrheitsgehalt gar nicht so entscheidend. Die Tatsache, dass Ängste entstehen und die Verunsicherung unter den Beschäftigten wächst, könnte eine Art betriebseigenen Darwinismus auslösen. Am Ende überlebt der

Stärkste – eben eine Art natürliche Auslese. Vielleicht ist dies von manchem Arbeitgeber gar gewollt? Hier muss man klar und deutlich die Verantwortung der Führungskräfte ansprechen. Wird keine konsequente Haltung gegen Mobbing vorgelebt, so dürfte auch die Belegschaft wenig Wert auf eine entsprechende Streitkultur legen.

Im Gegenteil: Sieht man das Verhalten des Vorgesetzten als richtungsweisend an, so kann das gar fatale Folgen haben, wenn dieser das ABC der Sozialkompetenz nicht beherrscht und stattdessen einen brutalen Führungsstil vorlebt.

Letztlich ist es wohl ein Zusammenspiel persönlicher und organisatorischer Faktoren, das Mobbing begünstigt. Verstehen Sie mich nicht falsch: Schlechte Arbeitsbedingungen führen nicht zwangsläufig zu Mobbing und Mitarbeiter, die sich nicht besonders mögen, werden nicht automatisch Krieg führen. Wäre dem so, würde das Mobbing horrende Ausmaße annehmen. Wenn Sie und ich mal ehrlich sind, kennen wir sicher alle Kollegen, die wir nach Dienstschluss nicht unbedingt zu unserem Freundeskreis zählen möchten. Und derjenige von uns, der traumhafte Arbeitsbedingungen vorfindet, soll sich noch heute persönlich bei mir melden.

Ist man einem belastenden Arbeitsumfeld ausgesetzt, dürfte sich dies aber früher oder später auch auf die handelnden Personen auswirken. Dann sind Konflikte vorprogrammiert und können zu Mobbing führen. Umgekehrt hilft die beste Organisation nicht weiter, wenn Mitarbeiter sich partout nicht mögen. Selbst paradiesische Arbeitsbedingungen bringen dann keine Rettung. Insofern gilt es nicht nur, den Mitarbeitern ein geeignetes Umfeld zu bieten, sondern auch darauf zu achten, dass die Angestellten zueinander passen.

Ein weiterer Grund für verstärktes Mobbing in Unternehmen mag weder personelle noch organisatorische Gründe haben, hier müssen wir einen „universellen“ Ansatz benennen – nämlich die außerbetrieblichen Bedingungen, denen wir ausgesetzt sind und die wir nicht direkt beeinflussen können.

4.10.3 Gesellschaftliche Gründe für Mobbing

Dass unsere Gesellschaft unsozialer wird, werde ich später noch thematisieren. Ich denke, Sie werden mir zustimmen, dass gegenseitige Rücksichtnahme nicht

immer groß geschrieben wird. Vielleicht haben wir dies auch ein Stück weit verlernt, und an die Stelle eines (verständnisvollen) Gesprächspartners tritt für viele Menschen der Computer oder die Spielkonsole – ist ja auch bequemer, als sich mit einem anderen Menschen auseinandersetzen zu müssen. Den Rechner kann man einfach ausschalten, wenn man keine Lust mehr hat. Das ist bei seinen Mitmenschen ein bisschen schwieriger.
Wenn sich zu einer unsozial werdenden Gesellschaft dann auch noch eine angespannte Arbeitsplatzsituation gesellt, wirkt dies auf das Mobbinggeschehen ähnlich fördernd wie ein Ölteppich fürs Feuer. Durch Krisen ausgelöste Ängste sind letztlich einer der Hauptmotoren für das Mobbinggeschehen. Besonders tragisch sind hierbei die Begleitumstände des Ganzen: Selbst wenn Sie sich in Ihrem betrieblichen Umfeld tadellos verhalten, können Sie in einen Konkurrenzkampf geraten, wenn ein Kollege die Existenzfrage stellt: Du oder ich!

4.11 Handlungsmuster beim Mobbing

Erinnern Sie sich noch an den „Mobbingpapst“ Heinz Leymann? Nein, er predigt nicht, aber ihm wurde Ehre zuteil, weil er als erster Wissenschaftler das Thema Mobbing intensiv erforscht und eine 45er Liste der am häufigsten vorkommenden Mobbinghandlungen erstellt hat. Diese können Sie problemlos „googeln“, deshalb möchte ich darauf auch nicht unbedingt im Detail eingehen.
Die bereits vor Jahrzehnten erstellte Liste stimmt in ihren Grundzügen aber nach wie vor mit vielem überein, was die Arbeitswelt auch heute noch negativ prägt – sei es ständige Kritik an der Arbeitsleistung sowie dem Sozialverhalten oder die Verbreitung von Gerüchten.

Wie bereits erwähnt, hat sich das Mobbing sicher weiterentwickelt. Es findet zunehmend im Netz statt; überhaupt spielt die technische Perfektionierung heute eine größer werdende Rolle. Handy und Internet machen es bequemer und ermöglichen eine perfidere Form der Schikane.
Die Intention des Ganzen bleibt jedoch gleich: Es geht darum, einen anderen Menschen schlecht zu machen und zu erniedrigen. Darin unterscheidet sich das wahre Leben nicht von der virtuellen Welt. Insofern ist auch das Mobbing in seinem Kern eigentlich unverändert geblieben.

Wie wird denn nun gemobbt? Was passiert da zwischen Menschen, die eigentlich nur ihre Arbeit machen sollen? Die Wahl der Mobbinghandlungen hängt

natürlich entscheidend von der betrieblichen Position des Mobbers ab. Je mächtiger er ist, desto weiter reichen sein Wirkungskreis und die Handlungsvielfalt. So haben Vorgesetzte meist nicht nur andere Motive, sondern auch deutlich größere Möglichkeiten, sich ungeliebter Mitarbeiter zu entledigen.
Wenn jemand zu alt oder zu teuer wird und deshalb „vertrieben" werden soll, dann ist dies meist eine vom Arbeitgeber ausgehende Strategie, die verfolgt wird. Man kalkuliert eiskalt, wer aufs Abstellgleis soll. Während der Chef seine Macht ausspielen kann, indem er dem Opfer über- oder unterfordernde (das kann für motivierte Mitarbeiter dauerhaft genauso zermürbend sein) Aufgaben zuweist oder dieses in ein kahles Büro verfrachtet, bedienen sich gleichgestellte Kollegen bei der Umsetzung ihrer Ziele anderer Methoden. Die Wucht und Überlegenheit des Vorgesetzten steht nicht zur Verfügung, also greift man auf klassische Stilmittel der Ausgrenzung oder Manipulation zurück, indem man dem Kollegen den Gruß verweigert oder Gerüchte über ihn in die Welt setzt.
So weit muss sich der Chef gar nicht aus dem Fenster lehnen; seine Position befähigt ihn zu einer Vielfalt an Schikanevarianten, die er dann gelegentlich auch noch als unterstützende Maßnahme verkaufen kann. Den Mitarbeiter, der unter seinen unerfüllbaren Vorgaben leidet, wollte er ja an sich nur fordern und fördern; dem isolierten Beschäftigten lediglich zu mehr Ruhe und Konzentration „verhelfen".

Vorgesetzte und Kollegen bewegen sich also auf unterschiedlichen Ebenen. Während Führungskräfte hinsichtlich ihrer Angriffe auf der Arbeitsebene verbleiben können, müssen Kollegen den Schaden auf der sozialen Ebene anrichten. In der Realität vermischt sich das Ganze jedoch häufig, und eine klare Unterscheidung zwischen fachlichen und persönlichen Angriffen nimmt der Täter nicht unbedingt vor. Ob das gescheiterte berufliche Projekt oder der Verweis auf menschliche Verfehlungen – Hauptsache der Gemobbte zeigt Wirkung! Einem Vorgesetzten ist also häufig schwieriger beizukommen, weil er i.d.R. nicht so sehr auf delikate Methoden der Rufschädigung setzen muss. Sollte man ihm jedoch ein entsprechendes Fehlverhalten nachweisen können, so hat dieser ein gewaltiges Problem. Dann verstößt er nämlich gegen seine Fürsorgepflicht den Beschäftigten gegenüber. Diese Verantwortung hat Kollege X für Beschäftigte Y nicht. Hier könnte man allerdings auf Beleidigung oder üble Nachrede pochen, aber das ist eher eine Frage der Juristerei.

Welches spezielle „Handwerkszeug“ passt nun zum Mobber? Ein perfider Einfallsreichtum gehört auf jeden Fall dazu. Gilt Kreativität gemeinhin als positive, begehrenswerte Eigenschaft, so kann man diese jedoch auch als Waffe einsetzen. Der Mobber ist nämlich äußerst ideenreich, wenn es darum geht, Kollegen das Leben zur Hölle zu machen. Für Beleidigungen oder Sticheleien bedarf es grundsätzlich keines herausragenden Plans. Sie so einzusetzen, dass größtmöglicher Schaden entsteht, erfordert hingegen schon ein kaltblütiges „Talent“. Es ist nur eine Frage der Zeit, bis der Mobber den Schwachpunkt seines oder seiner Auserwählten findet und anfängt zu bohren – notfalls so lange, bis das Opfer „blutet“. Oftmals fragen sich Betroffene dann, wie es überhaupt soweit kommen konnte; für viele bleibt es ein Rätsel. Unbewusst könnten Sie den Peinigern bei der Perfektionierung ihrer Mobbingtechniken aber sogar helfen, falls Sie zuviel von Ihren persönlichen Vorlieben erzählen.
Wenn Kollegen wissen, dass Ordnung für Sie das oberste Gebot ist, dürften Sie im Streitfall z.B. mit plötzlichem Aktenchaos rechnen; dem Geständnis der Spinnenphobie könnte ein Besuch der achtbeinigen Gesellen folgen. Mobbern ist fast jedes Mittel recht, um Ihnen zu schaden.

Es gibt also nicht die eine Mobbinghandlung schlechthin. Mobbing hat viele Gesichter und zeigt sich in unterschiedlicher Form. Dennoch kann man auf einige Klassiker verweisen, die nahezu jeder Betroffene früher oder später erleiden muss. Eine der gravierendsten Mobbinghandlungen ist die gezielte Ausgrenzung. So berichtete mir ein Betroffener davon, dass man ihn nach einer Betriebsfeier vom Gruppenbild entfernte. Es habe ihn bis ins Mark getroffen. Du bist überflüssig, nicht existent. Das war das eindeutige Signal. Man habe ihn schließlich komplett ignoriert – ein Modell mit Langzeitwirkung, das niemand dauerhaft durchsteht.
Mit dieser Art der Schikane wird fast jeder Betroffene irgendwann konfrontiert. Meist folgen der Ausgrenzung ein immer stärker werdendes Gefühl der Einsamkeit und das Abschneiden von Informationen, welches die Arbeitsqualität extrem gefährdet. Man muss quasi doppelt so hart arbeiten, um dieses Informationsdefizit auszugleichen. Das ist auf lange Sicht fast ein Ding der Unmöglichkeit.

Die Wahl der Methode ist mitunter auch abhängig vom Geschlecht. Für Frauen ist das soziale Image wichtiger als für Männer. Während ein Mann den Ruf des Raubeins mitunter genießt und sich als durchsetzungsfähigen Charakterkopf sieht, würde „Mann“ der Frau eher Zickigkeit und Unkollegialität vorwerfen. Deshalb sehen sich Frauen häufiger auf der sozialen Ebene Kritik ausgesetzt. Männer definieren sich im Gegensatz dazu eher über ihre berufliche Anerkennung und können insofern auf diesem Gebiet leichter attackiert werden. Ausschlaggebend hierfür ist wohl der gesellschaftliche Kontext, in dem der Frau eben meist die kommunikative, emotionale Rolle zugeordnet wird. Wenn sich diesbezüglich Dinge verändern und der Ruf gefährdet scheint, macht dies Frauen daher meist deutlich mehr zu schaffen als dem Mann, der eine ablehnende Geste womöglich kaum registrieren würde. Stellt man ihn jedoch als Macher und Gestalter in Frage, kränkt ihn das sowohl fachlich als auch hinsichtlich seines gesellschaftlichen Status.

Neben dem Geschlecht spielen bei der Strategiewahl auch andere Kriterien eine Rolle. So sind neue Mitarbeiter meist leichter zu gefährden, weil ihnen noch der soziale Rückhalt im Unternehmen fehlt. Sie können unmöglich die betrieblichen Abläufe beherrschen und sind fachlich leicht angreifbar. Stößt man neu zu einem Unternehmen, ist man auf die Mitarbeit und Solidarität der Kollegen angewiesen. Wird beispielsweise bei der Einarbeitung die Unterstützung verwehrt, hat man kaum eine Überlebenschance. Bei älteren Mitarbeitern bedient man sich meist der umgekehrten Variante. Die Belastbarkeit und perspektivische Leistungsfähigkeit werden in Frage gestellt, der Mohr hat seine Schuldigkeit getan. Das ist häufig besonders kränkend, weil Fehler hervorgehoben und beispielsweise auf eine nachlassende Konzentrationsfähigkeit geschoben werden. Dies wirkt dann oft wie ein Totschlagargument, gegen das man sich meist nur schwerlich wehren kann.

Auch wenn Mobbing vielfältig und dynamisch ist, kann man grundsätzlich einige Bereiche kategorisieren, die von Mobbern bevorzugt attackiert werden.

Das ist zum einen die

- Manipulation der Arbeitsebene: Bei nicht wenigen Betroffenen fehlen plötzlich wichtige Arbeitsutensilien. Unterlagen verschwinden, Werkzeug fehlt oder ist defekt. Das Passwort im Computer funktioniert nicht mehr oder wichtige Mails gehen wie von Geisterhand verloren.

Schützen Sie sich hier bitte bestmöglich, indem Sie wichtige Unterlagen kopieren oder sicher aufbewahren. Wichtiges Werkzeug lassen Sie besser nicht unbeaufsichtigt liegen. Wenn der Mobber Sie attackieren will, sollten Sie es ihm zumindest so schwer wie möglich machen.

Neben dieser gezielten Beeinträchtigung der Arbeit an sich investieren Mobber viel Zeit und Akribie, um ihr Opfer auf der zwischenmenschlichen Ebene zu attackieren.

Hier erleben wir

- Angriffe auf das soziale Ansehen: Dies ist die klassische und wohl verheerendste Form des Mobbings. Bei den Angriffen auf das soziale Ansehen geht es dem Mobber nämlich darum, den Ruf seines Opfers möglichst nachhaltig zu schädigen, vielleicht sogar dauerhaft zu zerstören.

  Dies geschieht, indem besonders üble Gerüchte gestreut werden – hier setzt der Mobber entweder auf der fachlichen oder persönlichen Ebene an. So wird er sein Opfer bereitwillig als stets überforderte Niete oder unkollegialen Schmarotzer darstellen. Vielleicht beschreitet der Täter sogar die private Ebene, indem er den Lebenswandel des Gemobbten kritisiert. So könnte bspw. die Scheidung des ungeliebten Kollegen Anlass dazu geben, ihn menschlich in Frage zu stellen.

  Da siehst Du es doch wieder: Privat hat er sein Leben nicht im Griff, und beim letzten Projekt hat er auch schon wieder gepatzt. Ich muss ständig nacharbeiten, um seine Fehler auszubügeln. Nee, mit dem kann das doch gar nicht funktionieren.

Neben der gezielten Rufschädigung setzen Mobber auch auf eine konsequente Ablehnung des Opfers. Dies geschieht durch

- Angriffe auf die sozialen Kontakte: Hier erleben wir eine weitere schon angesprochene Mobbingvariante – die systematische Isolation des Gemobbten.

Gespräche verstummen, wenn der Betroffene den Raum betritt. Kollegen wenden sich ab oder ignorieren den ungeliebten Mitarbeiter. In der Kantine sitzt das Opfer allein am Tisch. Sucht es Gesellschaft, stehen andere womöglich auf und verlassen die Räumlichkeit.

Der Chef praktiziert das Ganze auf höherem Niveau, indem er dem auserkorenen Mitarbeiter einen Arbeitsplatz fernab aller anderen Beschäftigten zuweist – und dies dann, wie bereits skizziert, auch noch als gut gemeinte Maßnahme verkauft. Schließlich wollte er ihn nur vor zu großer Ablenkung schützen.

Ein weiterer Aspekt sind strategische

- Angriffe auf die Gesundheit: Wenn ein älterer Mitarbeiter trotz starker Gelenkbeschwerden noch aufs Gerüst klettern soll oder ein Angestellter mit Rückenschmerzen die schwersten Paletten schleppen muss, dann sind das gezielte Angriffe gegen die körperliche Unversehrtheit. Das verstößt zwar gänzlich gegen die betriebliche Fürsorgepflicht, wird aber dennoch als Zermürbungsmethode eingesetzt.

  Im Gegensatz zum Stilmittel der sozialen Ausgrenzung oder übler Nachrede - beides eher Territorien der gleichgestellten Kollegen - ist die Zuordnung gesundheitsgefährdender Tätigkeiten eine Methode, die klassischerweise vom Arbeitgeber praktiziert wird.

Unrealistisch? Übertrieben? Leider nein! Für „meine“ Betroffenen sind Vorfälle dieser Art vielmehr erlebte Realität.

Jetzt haben wir einige Bereiche thematisiert, die vom Mobber gezielt bearbeitet werden. Aber wir haben ja auch angesprochen, dass die Grenzen häufig verschwimmen. Es wird wohl kaum ein Mobber auf dem Reißbrett planen, sein auserkorenes Opfer nur in einem bestimmten Bereich zu attackieren. Bietet sich die Möglichkeit, den Betroffenen zu isolieren, wird der Mobber diese Chance nutzen. Kann er dessen Ruf schädigen, wird er auch dies tun. Die Wahl der Angriffsmethode hängt auch von der Gelegenheit ab, die sich situationsbedingt bietet.

Der Horror beschränkt sich mitunter nicht nur auf die Arbeitswelt. Wenn der Mobber auf Telefonterror zurückgreift oder seinem Opfer auf dem Heimweg folgt, dann greift er auch in dessen Privatleben ein. Dieser Übergriff ist zwar nicht die Regel, stellt aber auch keine Seltenheit dar.

Auf welchen Gebieten Mobber bevorzugt zuschlagen, haben wir nun betrachtet. Wie es konkret geschieht, haben wir auch bereits angedeutet. Nahezu alle Untersuchungen bestätigen nämlich, dass Betroffene fast immer der üblen Nachrede oder abwertenden Blicken und Gesten ausgesetzt sind. Drei Viertel der Gemobbten klagt zudem über ständige Kritik an der Arbeit, 2/3 fühlen sich abgelehnt und mit konkreter Kontaktverweigerung konfrontiert, ca. 25% sehen sich telefonisch belästigt. Etwa genauso viele fühlen sich gedemütigt, indem man ihren Gang, ihre Stimme oder spezifische Gesten nachäfft. Dies wirkt bei einem stotternden oder behinderten Menschen besonders verletzend. Fast ein Fünftel der Befragten bestätigt den Zwang zu gesundheitsgefährdenden Tätigkeiten. Während sexuelle Übergriffe in Leymanns Erhebungen selten vorkommen, berichten in meiner Beratung betroffene Mitarbeiterinnen durchaus davon. Dies ist aber nicht die Regel.
Das klassische Mobbing kennzeichnet sich durch die angesprochenen Methoden der gezielten Ausgrenzung und Rufschädigung des Gemobbten.

Nun haben wir über die Vielfalt der Mobbinghandlungen gesprochen. Auf den nächsten Seiten soll uns beschäftigen, welche Konsequenzen massives Mobbing nach sich ziehen kann.

4.12 Welche Folgen kann Mobbing haben?

Worüber sollen wir zuerst sprechen? Über die persönlichen Folgen für das Opfer? Oder lieber über die Konsequenzen für das Unternehmen? Oder doch besser den gesamtgesellschaftlichen Schaden ansprechen?
Sie erkennen schon das Dilemma: Mobbing wirkt in mehrfacher Hinsicht zerstörerisch – nicht nur beim Opfer, das die Folgen und Beschwerden wohl am intensivsten spürt – und zwar sowohl gesundheitlich als auch hinsichtlich einer erschwerten Lebensplanung. Wie soll man sich auch etwas aufbauen, wenn man sprichwörtlich in den Seilen hängt? Sprichwörtlich trifft es hier schon ganz gut, denn manch ein Leiden ist in diversen Redewendungen verankert. Wenn einem

etwas „auf den Magen schlägt“ oder „man sich den Kopf zerbricht“, sind schon einige Problembereiche angesprochen und wir mittendrin in der Diskussion über

4.12.1 Folgen für die Opfer

Meist ist von psychosomatischen Erkrankungen die Rede, wenn die belastete Seele früher oder später auch andere Funktionen lahm legt. Er zeigt uns das Stoppzeichen, wenn wir zu weit gehen. Und wer sich an die Regeln im Straßenverkehr hält, der sollte das erst recht tun, wenn es um die eigene Gesundheit geht.

Was im Rheinland eine Art Lebensphilosophie ist - nämlich das „Et kütt wie et kütt und et hät noch emmer joot jejange“ - scheint in einer schwerwiegenden Mobbingsituation leider eher untauglich. Hier hilft stilles Ausharren und Hoffen auf Besserung nämlich nicht weiter. Stattdessen sollte man sich selbst erst einmal aus dem Verkehr ziehen und über Gespräche mit Ärzten oder Selbsthilfegruppen wieder etwas Stabilität zurückgewinnen. Hierbei können Tageskliniken oder Rehamaßnahmen helfen. Es gibt sogar speziell auf Mobbing ausgerichtete Rehabilitationskliniken, die entsprechende Hilfestellung geben. Genannt seien die Berusklinik im Saarland und die Hardtwaldklinik im Schwarzwald. Ein ehemaliges Mitglied der Selbsthilfegruppe war längere Zeit in der Berusklinik. Rückblickend sieht er seinen Aufenthalt dort als wichtigen Baustein auf dem Weg der Genesung.

Aber lassen Sie uns auf die gesundheitlichen Mobbingfolgen zurückkommen. Auch hier kann unsere Statistik aus dem Gesundheitsamt Aufschluss geben.

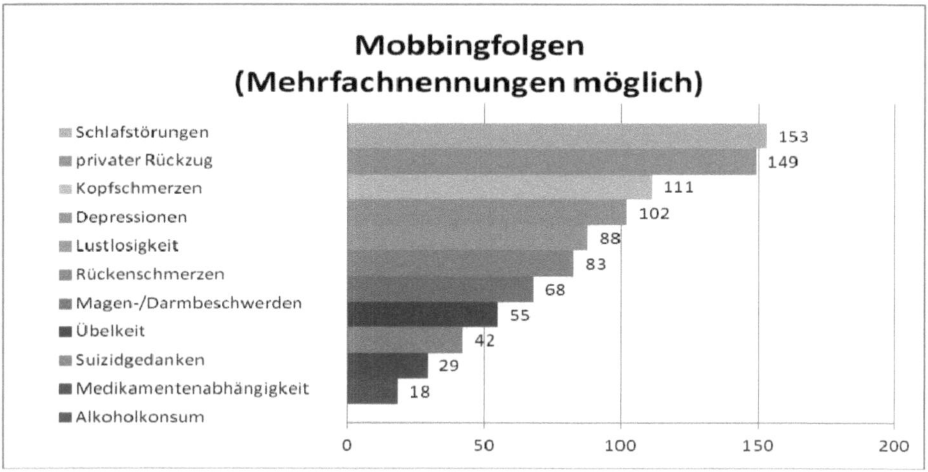

Kopf- und Magenschmerzen haben wir bereits thematisiert. Insbesondere das „Zermartern des Schädels“ kennen viele Mobbingopfer. Dass fast alle Gemobbten unter Schlafstörungen leiden, mag genauso wenig überraschen. In der Nacht folgt die Nachbetrachtung und Vorschau zugleich. Was hat der Kollege gestern mit mir gemacht? Was plant er für den nächsten Tag? Nicht nur während der Dienstzeit, auch im Schlaf bewirbt sich manch ein Kollege oder Vorgesetzter für die Hauptrolle in Ihrem Leben.

„Wenn sie Dich tagsüber nicht kriegen, dann bekommen sie Dich in der Nacht“, sagte mir ein Opfer und meinte damit, dass der Mobber früher oder später doch wieder die Gedanken beherrscht. So ganz entkommen kann man den betrieblichen Attacken und Bösartigkeiten also nicht, selbst wenn ein Arbeitstag mal weniger dramatisch verlaufen sein sollte. Diese Ruhelosigkeit empfinden viele Opfer als besonders zermürbend, da man nie ganz abschalten kann – und ohne nächtliche Erholung fehlen Ihnen dringend benötigte Kraftreserven.
Die Probleme sind hierbei häufig aneinander gekoppelt. Mit Kopfschmerzen schläft man schlecht ein. Schlafmangel verursacht wiederum körperliche Beschwerden. Aus diesem Teufelskreis zu entkommen, fällt oft schwer, zumal meist auch der Antrieb fehlt.

Etwa die Hälfte der Betroffenen klagt über Rückenbeschwerden. Was auf den ersten Blick überraschen mag, macht bei genauerem Hinsehen durchaus Sinn. Wenn ich ständig angegriffen werde, verliere ich irgendwann meine souveräne gerade Haltung. Ich bin permanent verkrampft und unter Anspannung. Dass sich unter diesen Umständen Nacken und Rücken kritisch zu Wort melden, liegt auf der Hand. Leider gehören neben diesen geschilderten Folgen auch Depressionen für viele Betroffene zum „Mobbingpaket“. Ist dieser Zustand erreicht, kommt man alleine nicht mehr weiter und benötigt dringend medizinische Unterstützung.

Man sollte auch berücksichtigen, dass die Schwachstelle bei jeder Person anders gelagert ist. Während der eine über ständige Übelkeit klagt, macht dem nächsten eine Migräne zu schaffen; andere erleben Panikattacken oder Herzrasen. Das Problem bahnt sich seinen Weg durch den menschlichen Körper – und vor allem durch die Seele. „Verdaut“ es diese negativen Begleiterscheinungen nicht, greift manch ein Mobbingopfer auch zu Alkohol oder Medikamenten. Heikle Formen der Eigentherapie sind allerdings nicht nur fragwürdig, sondern auch gefährlich. Hier sollten Sie sich unbedingt stets mit einem Arzt abstimmen.

Es mag ein Tabuthema sein, aber auch Suizidgedanken können zum Mobbinggeschehen gehören. Etwa jeder 4. Gemobbte hat dies im persönlichen Gespräch offenbart. Wenn man berücksichtigt, dass einige Betroffene darüber nicht offen sprechen und eine entsprechende Dunkelziffer vermutet werden kann, muss man festhalten, dass dieser schlimmste aller Gedanken etliche Opfer zumindest temporär begleitet. Mobbing wirkt auf vielen Ebenen zerstörerisch, dies wird viel zu häufig ausgeblendet.

Während man stressbedingte Symptome wie Schlafstörungen, Rückenschmerzen oder auch Magenbeschwerden durch Abstand und Ruhe meist besser in den Griff bekommt, stellt sich eine andere Komponente bisweilen etwas schwieriger dar.

Dass der Gemobbte unter Umständen gesellschaftlich „zerfällt“ und wichtige familiäre oder soziale Rituale leiden, wird nämlich oftmals ausgeblendet. Ein Großteil der Betroffenen zieht sich stark zurück und verzichtet auf private Unternehmungen. Einige verlassen ihre Wohnung nur noch für unumgängliche Verpflichtungen. Dies ist oftmals gar keine bewusste Entscheidung, sondern einer wachsenden Antriebslosigkeit geschuldet. Viele Gemobbte fühlen sich wie gelähmt, jedes Aufraffen kostet enorme Überwindung.

Meist ist diese Zurückgezogenheit mit einem enormen Vertrauensverlust gekoppelt. Zu Hause kann ich niemandem begegnen, der mich kränken oder verletzen könnte. Hier fühle ich mich noch am ehesten geschützt – auch vor unangeneh-

men Fragen, die mich in eine vermeintliche Rechtfertigungshaltung zwingen. Dieser Selbstschutz leitet aber unter Umständen eine noch fatalere Entwicklung ein: Ist der Weg in die Einsamkeit erst einmal geebnet, wird eine Befreiung umso schwieriger. Soziale Kontakte erfüllen eine wichtige Schutzfunktion, sie schaffen ausgleichende Stabilität. Fehlt auch diese Stütze, fällt es noch einmal schwerer, die Belastungen auszuhalten. So werden ein intaktes Familienleben oder gemeinsame Unternehmungen im zunehmend bröckelnden Freundeskreis zur Ausnahme, weil die Kräfte schwinden und es ohnehin keine Freude mehr macht. Was soll man auch im Kino, wenn man sich nicht auf das Leinwandgeschehen konzentrieren kann?
Gerät man aber erst einmal in dieses Fahrwasser des sozialen Rückzugs, fällt es immer schwerer, sich wieder davon zu befreien. Soziale Kontakte sind ein hohes Gut. Man sollte sie pflegen so gut man kann und in der Not möglichst auf sie zurückgreifen – sofern man noch die Kraft dazu hat und einige Menschen um einen herum geblieben sind. Ohne entsprechende Erfolgserlebnisse wachsen jedoch die Selbstzweifel – gleichzeitig sinken Mut und Bereitschaft, Dinge anzugehen. Betroffene geraten in einen negativen Strudel aus Angst und Passivität.

Das ist eine weitere Gefahr beim Mobbing: Man zieht sich nicht nur selbst zurück. Unter Umständen wird man auch von Menschen gemieden, für die man bislang doch immer ein angenehmer Kegelbruder oder Skatkumpel war. Wenn man nicht mehr so unterhaltsam und lustig ist, wenn man mit Ihnen nicht mehr so viel Spaß haben kann, wird die Luft um Sie herum dünner, und einige vermeintliche Freunde entpuppen sich schließlich doch nur als Kumpel zum Party machen. Auch solche Erfahrungen gehören zu den Mobbingfolgen. Je näher Ihnen Menschen stehen, umso mehr schmerzt diese Erfahrung – aber es hilft auch bei der Bewusstseinsfindung, wer in der Not wirklich an meiner Seite ist und wer nicht.

Wie sehr ein Gemobbter unter den Geschehnissen leidet, haben wir soeben skizziert. Es gibt aber noch einen weiteren großen Verlierer in diesem perfiden „Spiel“. Wahrscheinlich ist es weder dem Arbeitgeber selbst noch Ihnen als Leser bewusst, aber auch das Unternehmen wird am Mobbing dauerhaft zugrunde gehen. Dies wird unser nächster Themenblock verdeutlichen.

4.12.2 Folgen für das Unternehmen

Auch hier gibt es wieder mehrere Ebenen, auf denen man ansetzen kann. Schauen wir uns zunächst die unmittelbaren Konsequenzen aus Sicht des Arbeitgebers an. Hier sind die Abläufe gefährdet, weil ein Ungleichgewicht innerhalb der Belegschaft entsteht. Grüppchenbildung führt über kurz oder lang zu einer Bedrohung der betrieblichen Ziele. Die Produktivität leidet, wenn der Mobber Schikanen plant und der Gemobbte um seinen Posten ringt. Zeit und Kraft für die eigentliche Arbeit gehen verloren, ein enormer Qualitätsverlust ist die Folge. Der Mobber wendet Zeit und Akribie auf, um seinen Kontrahenten entscheidend zu schwächen, während der Gemobbte seine Ressourcen mobilisieren muss, um menschlich nicht unterzugehen.

Welche Auswirkungen das für den Betrieb hat, liegt auf der Hand: Sowohl beim Mobber als auch beim Opfer leidet die Arbeitsleistung. Es ist anzunehmen, dass der Gemobbte aufgrund des größeren Leidensdrucks schneller nachlässt als sein Kontrahent. Auch dieser wird seine Arbeit jedoch gravierend vernachlässigen, um neue Schikanen auszuhecken.
Für die Firma macht es letztlich keinen großen Unterschied, auf welcher Ebene es schneller „abwärts“ geht. Erst einmal in Umlauf, wird der Mobbingvirus früher oder später ohnehin in allen Bereichen Schäden verursachen und den Krankenstand in die Höhe treiben. Spätestens dann wird das Unternehmen sich mit einer neuen Problematik auseinandersetzen müssen, um gesunde und fähige Mitarbeiter zu finden, die den Laden wieder auf Kurs bringen. Aber woher nehmen und nicht stehlen? Geeignete Bewerber fallen nicht vom Himmel. Würden Sie für sich eine Zukunft in einem „verseuchten“ Unternehmen sehen? Könnten Sie sich vorstellen, sich bei einem Betrieb zu bewerben, der ständig Negativschlagzeilen macht? Gut, die Machenschaften kommen nicht immer an die Öffentlichkeit, aber alles unter Verschluss zu halten funktioniert auch nicht. Der Imageverlust ist für einen Arbeitgeber, der Mobbing duldet, also auch nicht zu vernachlässigen.

Hat man dann doch geeignete Kandidaten gefunden, beginnt der Qualifizierungsprozess. Unter Umständen dauert es lange, bis „der Neue“ die Abläufe kennt und sich zurechtfindet – auch diesen Preis einer ständigen Personalfluktuation muss der Arbeitgeber zahlen. Die Trennung von einem gemobbten Mitarbeiter, der das Unternehmen verlassen möchte und der Aufbau eines geeigne-

ten Nachfolgers, verschlingt nicht nur Zeit, sondern auch Geld. Nach Jahren der Peinigung erheben die meisten Gemobbten verständlicherweise Anspruch auf eine Abfindung – eine Art Schmerzensgeld für die erlittenen Qualen und den Verlust an Lebensqualität.
Kombiniert man das mit den Kosten für die Personalsuche nach einem neuen Mitarbeiter, dem Überstundenbedarf bis zur Neueinstellung und eventuellen Mehrkosten für den Einarbeitenden, dann erkennt man recht schnell, was für ein folgenschweres Eigentor Mobbing für das Unternehmen darstellt. Warum ein Betrieb dennoch Mobbing duldet, ist rational nicht nachvollziehbar.

Und wie sieht es mit der Belegschaft aus? Was glauben Sie, wie sich eine „mobbingverseuchte" Atmosphäre auf Arbeitsbereitschaft und Leistungsfähigkeit der Beschäftigten auswirkt? Hier gilt es zu berücksichtigen, dass Mobbing in Unternehmen i.d.R. kein einmaliger Vorfall ist. Anders ausgedrückt: Wo einmal gemobbt wurde, wird wieder gemobbt. Es greift gewissermaßen „Murphys Law", wonach der Untergang mehr oder weniger vorprogrammiert scheint. Ist ein feindseliger Umgang miteinander betriebliche Normalität, lade ich die Mitarbeiter schließlich dazu ein, zerstörerisch zu handeln.

Ursächlich hierfür ist die fehlende Bereitschaft der Führungsspitze, entschiedener gegen Mobbing vorzugehen. Dann werden Grenzen eingerissen und die Hemmschwelle, es wieder zu tun, sinkt.

Hiermit entstehen zwei mögliche Szenarien:

- Die kollegiale Zusammenarbeit ist von gewaltigem gegenseitigen Misstrauen geprägt.

Dann ist sich jeder selbst der Nächste und verteidigt eisern sein Revier. Man schottet sich ab und ist bemüht, das eigene Wissen unter allen Umständen für sich zu behalten. Jede Information, die ich von mir preisgebe, könnte einmal gegen mich verwendet werden. Und diese Chance möchte ich natürlich keinem vermeintlichen Rivalen einräumen. In diesem Fall wäre ein freier kommunikativer Umgang miteinander vollkommen ausgeschlossen. Wie soll ich auch vernünftig mit jemandem umgehen und kooperieren, dem ich nicht über den Weg traue? Ein x-beliebiger Kollege könnte in einem „mobbenden Unternehmen" mein größter Gegner werden, auch wenn ich noch gar nichts davon ahne. Man verteidigt also seine Pfründe und wird zum Einzelkämpfer. Eine Zusammenarbeit im wahrsten Wortsinn ist kaum mehr möglich.

- Es wird „offen“ gemobbt.

Ein halbwegs normaler Umgang miteinander scheint ausgeschlossen. Während bei Szenario eins gewisse Umgangsformen zumindest oberflächlich gewahrt bleiben, verweigert man im zweiten Fall den Gruß oder andere menschliche Umgangsformen mitunter komplett. Wenn ohnehin nichts gegen das Mobbing unternommen und stattdessen der innerbetriebliche Darwinismus ausgerufen wird, beginnt der klassische Kampf ums berufliche Überleben. Dann muss man sich nicht mehr die Mühe machen, mit beruflicher Kompetenz zu punkten, sondern ruft das Intrigieren zum Volkssport aus. Es zählt das Recht des Stärkeren, dem zum Erreichen seiner Ziele so ziemlich jedes Mittel recht ist. Es gibt ja auch kaum mehr eine moralische Instanz, die das bekämpft.

Diese Geister hat der Arbeitgeber meist selbst gerufen – und wird sie schwerlich wieder los. Ist Mobbing nämlich erst einmal gelebte Realität, wird ein Zurückfahren dieser Entwicklung nahezu unmöglich. Sie erinnern sich vielleicht noch an unsere Katze, die zwar rasch den Baum erklettert, aber im wahrsten Wortsinn nicht mehr runterkommt.

Lassen Sie mich noch einen weiteren Punkt ansprechen: Studien zum Thema Arbeitszufriedenheit haben belegt, dass ein gutes kollegiales Verhältnis die Arbeitsfreude sehr positiv beeinflussen kann. Ziehen wir den Umkehrschluss, dann können uns Kollegen den Spaß an der Arbeit auch ganz schön verderben. Würden Sie gern in einem Unternehmen arbeiten, in dem man vernünftige Umgangsformen mit der Lupe suchen muss und der eine dem anderen das Schwarze unter den Fingernägeln nicht gönnt? Hier werden Menschen krank, und die Arbeitsmotivation – einer der wichtigsten Motoren im ganzen System – leidet enorm. So gehen stabile Grundlagen verloren, es entsteht eine von Angst und Misstrauen geprägte Atmosphäre. Angst ist bekanntlich selten ein guter Ratgeber, und sie wirkt wenig förderlich hinsichtlich überzeugender Resultate.

Bringen wir das Ganze jetzt einmal in einen etwas größeren Zusammenhang und thematisieren die soziologische Komponente.

4.12.3 Folgen für die Gesellschaft

Was richtet Mobbing nun mit bzw. in unserer Gesellschaft an? Welche Folgen hat es für uns alle, selbst wenn wir gar nicht unbedingt einen direkten Mobbingkonflikt austragen (müssen)?
Zunächst einmal bricht Mobbing Regeln und hebelt damit moralische Grundsätze aus. Der unfaire Umgang miteinander wird dadurch „normaler" und gefährdet Grundsätze des sozialen Zusammenlebens.
Wir haben ja einleitend angesprochen, dass Mobbing nicht nur in Betrieben, sondern auch in Schulen vorkommt - und das immer häufiger. Hier sollte man sich auch einmal die Frage nach dem gesellschaftlichen Auftrag stellen, wenn Schüler mit dieser Mentalität aufwachsen. Werde ich bereits in jungen Jahren mit Mobbing konfrontiert, wird es für mich unter Umständen zum Normalzustand, und ich kann später kaum noch ein Bewusstsein dafür entwickeln, dass hier etwas ganz gehörig falsch läuft.

Zugegeben – der moralische Schaden, den unsere Gesellschaft nimmt, ist schwer messbar. Hier ist es eher dieses unangenehme Gefühl, das mich beschleicht, wenn ich die Nachrichten sehe oder mich einfach nur umschaue. Vielleicht täusche ich mich ja auch, aber es kommt mir schon so vor, als ob unser Umgang miteinander rauer, egoistischer und zunehmend rücksichtsloser wird. Meine Gedanken diesbezüglich werde ich im Kapitel „Willkommen in der Eiszeit" intensiver ausführen.

Im Gegensatz zu diesen eher „gefühlten" Folgen gibt es auch eindeutig belegbare Konsequenzen, die wir alle tragen müssen. Mobbing kostet nämlich unfassbar viel Geld - wieviel konkret ist sicher nicht auf den Cent genau zu sagen, da hier jeder Statistiker eigene Messgrößen bemüht und etwas anders kalkuliert. Aber dass der Schaden enorm ist, liegt auf der Hand. Um dies zu erfassen, muss man kein Finanzexperte sein. Ich kenne Betroffene, die über Monate, zum Teil gar über Jahre arbeitsunfähig sind und diverse Rehabilitationsmaßnahmen durchlaufen. Dennoch ist vielen eine erfolgreiche Rückkehr ins Arbeitsleben versperrt; einigen bleibt schließlich nur noch die Frühverrentung oder eine Erwerbsminderung. Insofern darf man durchaus von einem enormen gesamtgesellschaftlichen

Schaden sprechen, den Mobbing anrichtet. Schätzungen zufolge verursacht jeder erkrankte Betroffene volkswirtschaftliche Kosten zwischen ca. 30.000 und 90.000 Euro pro Jahr. Wenn wir berücksichtigen, dass es bereits jetzt Millionen Mobbingopfer gibt und diese Zahl stetig zunimmt, sind wir bei Mobbingkosten in Milliardenhöhe, die wir alle tragen müssen.

In einer Informationsbroschüre des Arbeitskreises „No-Mobbing“ wurde eine Hochrechnung gewagt. [4]
Die Ursprungskalkulation stammt von Axel Koecher, Klaus Wolf hat eine Aktualisierung vorgenommen. Die verwendeten Zahlen lieferten das Statistische Bundesamt Wiesbaden, der Deutsche Industrie- und Handelstag sowie die Bundesagentur für Arbeit.
Die Hochrechnung basiert auf einem Konfliktverlauf, der ein Jahr andauerte und mit der Entlassung des Betroffenen endet. Geminderte Arbeitsleistung wurde in Kosten für Überstunden umgerechnet. Verluste, die durch fehlerhafte Arbeit entstehen, berücksichtigte man nicht, da diese schwerlich greifbar sind.

- Bruttomonatsverdienst: 2.951 EUR.
- Bruttomonatsverdienst + Lohnnebenkosten: 4.427 EUR.
- Geschätzte Fehlzeit eines Betroffenen (70 Tage = 2,8 Monate) Arbeitstage 70
- Arbeitsleistung eines Betroffenen bei ca. 80 %
- Arbeitsleistung des Täters bei ca. 90 %
- Entschädigungssumme bei Entlassung nach 10 Jahren Betriebszugehörigkeit 14.755 EUR.
- Kosten für die Personalsuche 5.624 EUR.
  (Anzeigen, Portokosten, Vorstellungsgespräche)

[4] Vgl. Informationsbroschüre des Arbeitskreises „No-Mobbing“, Titel: Mobbing, Seite 20

- Zeit bis zur Neueinstellung 4 Monate
  Minderleistung während der Einarbeitung (1 Monat) 50 %
  Minderleistung des Einarbeitenden 80 %
- Bruttomonatsverdienst + Lohnnebenkosten x Fehlzeit = 12.396 EUR.
- Überstundenzuschlag für Fehlzeiten = 4.132 EUR.
- Mehrkosten durch verminderte Arbeitsleistung (20 %) = 7.080 EUR.
- Mehrkosten durch verminderte Arbeitsleistung (10 %) = 3.543 EUR.
- Entschädigungssumme bei Entlassung = 14.755 EUR.
- Kosten für die Personalsuche = 5.624 EUR.
- Überstundenkosten bis zur Neueinstellung = 2.951 EUR.
- Mehrkosten durch Minderleistung bei Neueinstellung = 1.476 EUR.
- Mehrkosten für den Einarbeitenden = 590 EUR.

52.547 EUR

Diese Hochrechnung ermittelt also Kosten von ca. 50.000 Euro für einen Mobbingfall. Natürlich kann dies stark variieren. Es mag vorkommen, dass die Einarbeitung eines neuen Mitarbeiters schneller und reibungsloser funktioniert. Ich kenne aber auch viele Opfer, die weitaus länger ausfallen als die hier kalkulierten drei Monate. Nicht wenige durchlaufen zahlreiche ambulante oder stationäre Maßnahmen, bevor sie eine gewisse Stabilität zurückgewinnen. Dies nimmt oft deutlich mehr Zeit in Anspruch. Die avisierte Leistungseinbuße würde ich persönlich noch gravierender einschätzen. Insbesondere nach länger andauerndem Mobbing dürften Mobber und Gemobbter keine 90% bzw. 80% Arbeitsleistung mehr erreichen. Nichts desto Trotz bietet diese Kalkulation eine realistische Berechnungsgrundlage und kann Unternehmen aufzeigen, dass sie nicht nur menschlich, sondern auch rein rechnerisch Irrsinn betreiben. Das sollte für Vorgesetzte und Arbeitgeber eigentlich Grund genug sein, um etwas gegen Mobbing zu unternehmen – wenn schon nicht aus Pflichtbewusstsein seinen Mitarbeitern gegenüber, dann zumindest, um nicht den eigenen und gesellschaftlichen Ruin zu fördern.

Die dramatischen Mobbingfolgen spüren letztlich alle, selbst wenn sie nur indirekt „Teilnehmer" des Ganzen sind. Der Mobber verliert seine Moral, der Gemobbte seine Gesundheit. Das Unternehmen kommt nicht mehr zu Ruhe und muss ständig umdisponieren. Wie soll man auch langfristig planen, wenn Menschen krank (gemacht) werden? Produktivitäts- und Qualitätsdefzite sind die unmittelbarste Konsequenz, die sich so mancher Betrieb selbst eingebrockt hat. Die Volkswirtschaft zahlt letztlich die Zeche für langfristige Erkrankungen der Opfer. Ich weiß ja nicht, wie es Ihnen geht, aber ich finde keine Gewinner in diesem „Mobbingspiel". Deshalb sollte man es gar nicht erst dazu kommen lassen und stattdessen eine effektive Prävention betreiben.

4.13 Wie kann man Mobbing vorbeugen?

Wir haben also über Ursachen, Handlungen und die schwerwiegenden Folgen von Mobbing gesprochen. Wir haben thematisiert, dass es jeden von uns erwischen kann. Vielleicht habe ich Sie mit dieser Erkenntnis ein bisschen erschreckt. Und doch ist der Schlüssel in der gesamten Mobbingdebatte ein anderer. Für mich steht und fällt alles mit der Prävention, also erfolgreichen vorbeugenden Maßnahmen. Hierzu gehört, Gefahrenquellen frühzeitig zu erkennen und auszumerzen, was nicht immer einfach ist. So würde sich wohl manch ein Betroffener oder engagierter Chef (einige davon gibt es trotz berechtigter Kritik an vielen Führungskräften dann doch noch) vielleicht hellseherische Fähigkeiten wünschen. Da ich leider nicht darüber verfüge und der Großteil von Ihnen diesbezüglich wohl auch eher im Dunkeln tappt, müssen andere Anätze her. Dennoch gibt es so etwas wie vorausschauendes Handeln. Sie wissen schon – vergleichbar mit dem vorausschauenden Fahren im Fragebogen der theoretischen Führerscheinprüfung.
Was im Straßenverkehr gefordert wird, kann im Arbeitsleben also auch nicht so verkehrt sein.
Wie ticken die Kollegen? Wie souverän ist der Chef? Hat gar ein anderer Mitarbeiter das Sagen, obwohl der Vorgesetzte nach Verlautbarung ganz oben steht? Das kommt gar nicht so selten vor. Glauben Sie wirklich, dass der

„Papierchef" auch immer der wahre Boss ist? Weit gefehlt! Finden Sie heraus, wer mächtig ist und Meinungsmache betreibt.

Präventive Richtlinien sind vor allem in der Phase betrieblicher Umstrukturierungen wichtig und notwendig. Werden die Karten neu gemischt, bringt dies nämlich sowohl Positives als auch Negatives mit sich. Man kann das vielleicht ein wenig mit einer Fußballmannschaft vergleichen, die einen neuen Trainer verpflichtet. Man fängt quasi wieder bei null an, da bislang bestehende Macht- und Statusverhältnisse ins Wanken geraten. Spieler, die ein wenig ins Hintertreffen geraten waren, wittern wieder Morgenluft; etablierte Akteure bangen hingegen um ihre Privilegien. So kann es nicht nur auf dem Rasen, sondern auch daneben Sieger und Verlierer geben. Entscheidend ist nämlich nicht nur „aufm Platz", wie eine alte Fußballerweisheit sagt, sondern auch im Kabinengang oder beim Training kommt es zu Wettkämpfen, wenn ein bestimmter Spieler das Wort ergreift oder seit Jahren die Kapitänsbinde für sich beansprucht. All dies kann in einer Phase der Neuorientierung plötzlich in Frage stehen.

Neben derartigen Machtfragen geht es auch um das Bewusstsein, dass sich die Aufgabenübertragung inhaltlich ändert. Flexibleren Arbeitszeitmodellen auf der einen Seite steht häufig eine größere individuelle Verantwortung auf der anderen Seite gegenüber, ein größerer Handlungsspielraum erfordert im Gegenzug stetige Weiterbildung und Variabilität.
All das kann gut funktionieren, aber auch zu Konflikten führen. Schließlich muss jeder erst einmal seine neuen Aufgaben beherrschen und sich damit auch wohl fühlen. Um das zu gewährleisten, sollte der organisatorische Rahmen mit den technischen Verbesserungen Schritt halten. Vergisst man jedoch, die Menschen mitzunehmen und setzt sie wuchtigen Innovationen aus, kann dies Mitarbeiter überfordern und Ängste auslösen – und Angst kann eine starke Triebfeder für Mobbing sein. Schließlich führt man lieber andere vor, anstatt eigene Überforderung einräumen zu müssen. Entwickelt das Unternehmen hingegen Lösungen, um Mobbing effektiv vorzubeugen, dann kann man die Vorzüge der Modernisierung nutzen, und wir müssen uns mit den gravierenden Auswirkungen und langwierigen juristischen Debatten gar nicht so intensiv befassen.

Aber wie geht das? Welche Maßnahmen kann ein Arbeitgeber - aber auch jeder Mitarbeiter für sich persönlich - ergreifen, damit es nicht zum Mobbing kommt?

Schauen wir uns doch zuerst einmal die Möglichkeiten des Unternehmens an.

4.13.1 Betriebliche Möglichkeiten der Mobbingprävention

Hier gilt es erst einmal Faktoren zu beleuchten, die Mobbing fördern könnten. Im zweiten Schritt heißt es dann, entsprechende Gegenmittel zu entwickeln.

Einer der größten Mobbingverursacher sind unklare Zuständigkeiten. Diese sorgen fast immer für Unstimmigkeiten, weil klare Absprachen fehlen. Kompetenzgerangel und Übergriffe sind vorprogrammiert; Fehler werden auf andere abgewälzt und bei Misserfolg kommt es rasch zu Schuldzuweisungen. Stoßen Stressfaktoren wie permanenter Zeitdruck oder wirtschaftliche Krisen hinzu, können sich Konflikte verselbständigen und Mobbing auslösen.
Deshalb ist es wichtig, die Mitarbeiter an den betrieblichen Veränderungsprozessen zu beteiligen und Entscheidungen offen zu kommunizieren. Dies schafft Vertrauen und beugt – um bei unserer Kapitelüberschrift zu bleiben – Frusttendenzen unter den Beschäftigten vor.

Ein weiterer Stressfaktor und möglicher Auslöser für Mobbing ist Unsicherheit der Angestellten - hinsichtlich ihrer zugedachten Rollen innerhalb des Systems, die klar geregelt sein sollten, aber auch bezüglich der Qualifizierung für die Arbeit an sich. Fühlt man sich mit seinen Aufgaben über- oder unterfordert, fördert dies den Frust des Mitarbeiters. Daher sollte man diesen entsprechend begleiten und schulen. Wo liegen seine Stärken und Schwächen? Wie kann er mit seinen Fähigkeiten betriebliche Defizite auffangen und einen erfolgreichen Beitrag leisten?

Weitere Indikatoren für eine gefährliche Entwicklung? Nun, ein wachsender Krankenstand oder ständige Personalwechsel lassen vermuten, dass innerhalb des Unternehmens etwas nicht stimmen könnte. Zumindest sollte man sich dann so allmählich Gedanken machen. Lautstarke Diskussionen sprechen womöglich für Feuer und Leidenschaft, aber wohl auch für aufgestauten Frust und eine fehlende Streitkultur. Hier könnte man präventiv auf Seminare setzen, die genau dieses Thema voranbringen.
Und wenn betriebliche Festivitäten oder Jubiläen auf wenig Resonanz stoßen, kann auch dies alarmierend sein. Wie wäre es alternativ mit Vorschlägen aus der

Belegschaft? Was wünscht man sich? Wie kann man den Zusammenhalt stärken?

Sie erkennen also schon, dass es einige Signale gibt, die ein Unternehmen wachsam registrieren sollte – um ggf. rechtzeitig gegenzusteuern. Eine recht einfache Methode, die Gemütslage der Beschäftigten zu erfassen, ist der betriebliche Stimmungscheck. Dieser kann schriftlich oder mündlich erfolgen. Die schriftliche Version ist natürlich verbindlicher und aussagekräftiger. Nehmen wir uns also mal einen entsprechenden Stimmungscheck vor (ein angekreuztes ja entspricht einem Punkt):

4.13.1.1 Betrieblicher Stimmungscheck

- Die Stimmung im Betrieb ist der Führungsspitze gleichgültig. Probleme zwischen Kollegen werden kaum oder gar nicht thematisiert – Hauptsache alles funktioniert. (j/n)
- Im Betrieb herrscht extremes Konkurrenzverhalten. Wer hinauf will, braucht Ellenbogen. (j/n)
- In der Firma gibt es mindestens einen der folgenden Stressfaktoren: Zeitdruck, Unterbesetzung, Lärm oder ähnliches. (j/n)
- Private Kontakte zwischen Kollegen sind die Ausnahme. (j/n)
- Wenn der Vorgesetzte auf einen Mitarbeiter zukommt, geht es meistens um Überstunden oder Kritik. Lob, Anerkennung oder ein netter Satz zwischendurch kommen nur selten über die Lippen. (j/n)
- In unserem Betrieb gelten starre Hierarchien. Eigenverantwortliches Handeln ist nicht gefragt, wichtige Informationen erfahren Mitarbeiter spät oder gar nicht. (j/n)
- Konflikte, die in der täglichen Zusammenarbeit entstehen, werden oft unter den Teppich gekehrt. Keiner fühlt sich zuständig, Schwierigkeiten anzupacken. (j/n)

- Die Fluktuation in der Firma/Abteilung ist hoch, viele Mitarbeiter sind frustriert und hoffen nur, möglichst schnell eine andere Anstellung zu finden. (j/n)

- Das Team spaltet sich häufig in feste Koalitionen. Die Grüppchen tauschen sich untereinander kaum aus. (j/n)

- In den letzten zwölf Monaten ist es mindestens einmal vorgekommen, dass ein Mitarbeiter gekündigt hat oder „gegangen" wurde, weil er mit dem Team/der Chefetage nicht zurechtkam. (j/n)

- Gerüchte und Tuscheleien gehören zur Tagesordnung. Offene Gespräche finden kaum statt. (j/n)

- In unserer Firma gibt es keinen engagierten Ansprechpartner (betriebl. Interessenvertretung, Betriebs- oder Personalrat), an den sich jeder vertrauensvoll wenden könnte. (j/n)

- Die Firma befindet sich wirtschaftlich derzeit in keiner günstigen Position. Stellenabbau wurde angekündigt oder kann nicht mehr ausgeschlossen werden. (j/n)

- Wenn jemand im Team einen Fehler macht, sorgen bestimmte Kollegen dafür, dass es der Chef erfährt. (j/n)

- Intrigen und Neid sind in der Abteilung sehr verbreitet. (j/n)

- Der Chef ist oft launisch, unberechenbar und duldet keinen Widerspruch. (j/n)

- In der Abteilung arbeiten fast nur Männer. Einige davon scheinen von weiblichen Kolleginnen wenig zu halten, was sie beispielsweise mit geringschätzigen Blicken, Äußerungen oder zweideutigen Anspielungen zum Ausdruck bringen. (j/n)

- Der Vorgesetzte mag ein exzellenter Fachmann sein – von seinen Mitarbeitern kapselt er sich allerdings so weit wie möglich ab. An deren Meinung und Kompetenz scheint ihm nichts gelegen zu sein. (j/n)

- Die Anweisungen von oben sind oft unklar oder widersprüchlich. Keiner weiß so recht, was er tun bzw. wie er sich verhalten soll. (j/n)

Auswertung

0 bis 4 Punkte: Mit dem Betriebsklima an Ihrem Arbeitsplatz dürfen Sie im Großen und Ganzen zufrieden sein. Die positive Stimmung scheint zu überwiegen. Alles ist im „grünen Bereich". Kleine Spannungen und Unstimmigkeiten sind im Arbeitsleben unvermeidbar und nicht alarmierend. Die vorherrschenden „Problemchen" sind durch eine offene Kommunikation relativ leicht aus der Welt zu schaffen.

5 bis 9 Punkte: Das Arbeiten in Ihrer Firma scheint kein reines Vergnügen zu sein. Es gibt überdurchschnittlich viele Reibungs- und Konfliktpunkte, die unter Umständen auch in Psychoterror ausarten können. Eine Entschärfung des Konfliktpotentials sollte in jedem Fall angestrebt werden. Seien Sie wachsam, um nicht in ernsthafte Konflikte zu geraten!

10 und mehr Punkte: Alarmstufe rot! Die Stimmung an Ihrem Arbeitsplatz ist offenbar äußerst gespannt. Dass es in diesem Betriebsklima zu Aggressionen und Konflikten kommt, ist unvermeidlich – der ideale Nährboden für Mobbing. Alleine können Sie vermutlich nichts ändern. Spätestens jetzt müssen kompetente Ansprechpartner in der Firma mobilisiert werden, um Lösungswege zu finden. Wie sieht es in Ihrem Unternehmen aus? Ich bin sicher, dass einige von Ihnen den Schnelltest gemacht haben. Falls Sie eine höhere Punktzahl erreichen sollten, drehen Sie bitte nicht gleich durch. Es ist nicht das Ende aller Tage. Sie sollten aber äußerst wachsam bleiben. Ansonsten geraten Sie unter Umständen schneller als gedacht in einen Machtkampf oder werden selbst Opfer betrieblicher Missstände. Unabhängig davon, was man konkret aus diesem Check macht und welche Lehren man daraus zieht, ist er eine effektive Methode, um ein erstes Stimmungsbild zu erhalten. Natürlich kann dies nur ein vorläufiger Schritt sein. In die Tiefe geht es schließlich mit weiteren Überlegungen.

Einiges haben wir ja bereits angerissen. Lassen Sie mich einen weiteren Vorschlag machen: Sinnvoll wäre die Schaffung eines Frühwarnsystems. Woran erkenne ich Mobbing? Was sind die ersten Alarmsignale? Die Vorstellung, dass man einen Alarmknopf drückt, der einen Notfall signalisiert und sofortige Schritte in Gang setzt, gefällt mir. Dies dürfte in der Praxis jedoch schwer umsetzbar sein.
Aber warum eigentlich nicht? Wie wäre es mit einer Art „Mobbingfeuerwehr“ oder „Mobbingpolizei“ – also einem Gremium, das bei ersten Anzeichen von Mobbing unverzüglich „ausrückt“ und aktiv wird? Wenn man bei der „echten“ Polizei oder Feuerwehr anruft und einen Notfall schildert, erwartet man ja schließlich auch ein zügiges Eingreifen.

Setzen wir also auf die richtigen Ansprechpartner im Mobbingfall.

4.13.1.2 Benennung und Qualifizierung betrieblicher Ansprechpartner

Sicher gibt es einige Aspekte, die man bei der Zusammensetzung eines derartigen „Anti-Mobbing-Kommandos“ berücksichtigen müsste. So sollten zum Beispiel nicht nur beide Geschlechter, sondern auch verschiedene Hierarchieebenen

vertreten sein. Womöglich vertraut man sich als Frau eher einer Frau an – insbesondere dann, wenn sexuelle Anspielungen oder gar Belästigung im Spiel sein sollten. Das ist beim Mobbinggeschehen nicht die Regel, aber es kommt durchaus vor. Den meisten Mitarbeitern dürfte es zudem leichter fallen, einen gleichgestellten Kollegen anzusprechen. Dies gilt vor allem, wenn der Vorgesetzte in das Mobbing verstrickt ist. In anderen Fällen mag es sinnvoller sein, sich gleich an einen höher gestellten Mitarbeiter zu wenden. Hier sollte der Gemobbte die Möglichkeit haben, sich für eine geeignete Vertrauensperson zu entscheiden.
Man kann auch sofort auf einen bestimmten Ansprechpartner setzen oder eine Person aus dem Gremium als Sprachrohr fungieren lassen. Einige Unternehmen stellen einen speziell geschulten Mobbingbeauftragten ab.

Es stellt sich die Frage, wie und wo man diesen positioniert. Er könnte dem Betriebsrat oder der Mitarbeitervertretung (MAV) zugehörig bzw. dort angegliedert sein. Eine andere Alternative besteht darin, auf eine externe Person zu setzen, die sich des Geschehens annimmt. Beides hat Vor- und Nachteile: Eine betriebsinterne Ansprechperson ist schneller erreichbar und den Beschäftigten vertraut. Hier liegt aber gleichzeitig auch die Krux: Kenne ich den Ansprechpartner, „belästige" ich ihn womöglich häufiger mit eher unwesentlichen Vorfällen. Außerdem ist dieser aufgrund des internen Wissens unter Umständen auch in seiner Neutralität gefährdet. Eine externe Person ist im Alltag nicht immer greifbar, hinsichtlich ihres Urteilsvermögens jedoch auch weniger beeinflussbar.

Wie auch immer man sich letztlich entscheidet: Wichtig ist die entschlossene Haltung eines Arbeitgebers gegen Mobbing. Hierzu gehört auch, auf „den Richtigen" zu setzen - d.h. die Angestellten müssen das Gefühl haben, dass der Mobbingbeauftragte sein Handwerk versteht. Das schafft Vertrauen und Sicherheit.

Wo dieser dann letztlich verankert ist, spielt nicht die entscheidende Rolle. Unabhängig davon, welchen Namen wir unserem Gremium geben oder ob sich eine bestimmte Person als primärer Ansprechpartner herauskristallisiert: Wichtig ist, dass die Mitglieder sowohl untereinander als auch mit der Belegschaft im Gespräch bleiben.

In den Gesprächskreisen sollte man durchaus Klartext sprechen. Dies darf zwar gern bei einer Tasse Kaffee passieren, zum Kaffeekränzchen sollte es jedoch nicht werden. Dafür sind betriebliche Konflikte und die ernsthafte Auseinandersetzung damit zu wichtig. Auch gilt es, den Meinungsaustausch innerhalb des Unternehmens zu stärken. Wer einen Verbesserungsvorschlag hat, sollte diesen äußern dürfen.
Eine hervorragende Umsetzung dieser Prämissen gelang General Electric. Jack Welch, Chef des Unternehmens, sprach in einem Interview mit „Le Monde" über sein Erfolgsrezept:

"Bei uns hat jeder die Chance, sich zu äußern. Jeder unserer Beschäftigten hat seine persönliche Würde und darf sich zu Wort melden. Daran glauben wir. Wir praktizieren das sogenannte *candid feetback*, die ehrliche Reaktion: Man sagt den Leuten klipp und klar, wie sie arbeiten (...). Ich kenne niemanden, dem nichts an Worten und an Würde gelegen wäre. Ich gebe meinen Managern immer den guten Rat, sich selbst nicht so übermäßig ernst zu nehmen, sich nicht wie Machtmenschen zu gebärden. Die Firma muss auf sämtlichen Niveaus informell bleiben, die Information muss frei zirkulieren können. (...) Wenn Ihr Vorgesetzter Sie nicht gut behandelt, dann setzen Sie sich zur Wehr oder kündigen Sie." [5]

Hier hat man bewiesen, dass es nicht nur bei theoretischen Forderungen bleiben muss, sondern eine praktische Umsetzung keiner Zauberei bedarf. Von diesem Mut kann jedes Unternehmen nur profitieren.

Letztlich steht und fällt auch in diesem Fall vieles mit der Funktion des Vorgesetzten. Deshalb möchte ich diesen auch als weitere wichtige Schaltstelle der Mobbingprävention benennen.

4.13.1.3 Die Rolle des Vorgesetzten

Vielleicht erinnern Sie sich ja noch an unser Peter-Prinzip. Haben wir es mit einem solchen Kandidaten zu tun, steht es nicht gut um unsere betriebliche Prävention. Es gibt aber auch verantwortungsvolle, fähige Vorgesetzte. Ist der Chef engagiert und lebt seine Rolle überzeugend, können präventive Maßnahmen schließlich auch effektiv umgesetzt werden. Handelt es sich jedoch um einen notorischen Jasager, wird dieser kaum die notwendigen Schritte einleiten – und der profilneurotische Alleinherrscher dürfte nicht demokratisch handeln. Der Führungskraft fällt also eine besondere Verantwortung zu. Sie kann durch unsouveränes Auftreten und den eigenen falschen Umgang mit Konflikten einen Nährboden für Mobbing schaffen. Sie kann aber auch – und das ist mein Anliegen – ein Bewusstsein vorleben, dass die Mitarbeiter für den richtigen Umgang miteinander sensibilisiert.
Dies erfordert aber auch eine gewisse Bereitschaft, sich auf die Bedürfnisse der Mitarbeiter einzulassen und das Angebot, ein offenes Ohr zu haben, falls ein Angestellter Gesprächsbereitschaft signalisiert.

---

5 Hirigoyen, Marie-France, Wenn der Job zur Hölle wird. Seelische Gewalt am Arbeitsplatz und wie man sich dagegen wehrt, München 2002, S. 334

Ob Vier-Augen-Gespräch oder größere Runde: Der regelmäßige Austausch zwischen Vorgesetzten und Mitarbeitern stärkt nicht nur das gegenseitige Vertrauen, sondern hilft auch bei der Früherkennung möglicher Alarmsignale. Wo lauern Gefahren? Wie kann und sollte man die Beschäftigten schützen? Insbesondere in Krisenzeiten und bei betrieblichen Innovationen ist es wichtig, die Mitarbeiter nicht allein zu lassen, da gerade solche Phasen Ängste auslösen. Dies gilt auch und vor allem für neue Beschäftigte. Ihre Position ist generell nicht gestärkt, und so werden sie in Ausnahmesituationen noch schneller zur Zielscheibe von Attacken. Auch hier ist ein verantwortungsvoller Chef gefordert, die richtigen Maßnahmen zu ergreifen.
Vielleicht könnte man Neuankömmlingen eine erfahrene Person an die Seite stellen, um als Vermittler zwischen dem neuen Mitarbeiter und der alten Belegschaft zu fungieren. Auf diese Weise sollten sowohl arbeitsspezifische Unklarheiten beseitigt als auch eine reibungslose Integration in den Mitarbeiterstab vorangetrieben werden.

Der Vorgesetzte selbst könnte mit der oder dem „Neuen“ in der Anfangszeit häufiger Rücksprache nehmen und diese(n) begleiten. Auftretende Probleme hinsichtlich der Integration eines Mitarbeiters können ein wichtiges Indiz für betriebliche Defizite sein. Dies sollte man im Zweifelsfall klar benennen und optimieren.
Wichtig wäre aber auch, nicht nur Gesprächsbereitschaft zu signalisieren, sondern bestimmte Vorgänge innerbetrieblich zu verankern. Dies könnte bspw. für die Einführung eines Beschwerdesystems gelten. Wird ein solches Modell betrieblich etabliert, stärkt es den Mut der Mitarbeiter, Defizite offener anzusprechen. Auch das kann und sollte ein mutiger Vorgesetzter fördern.
Aspekte dieser Art können verbindlich geregelt werden. Diesbezüglich stellen Betriebsvereinbarungen eine geeignete Möglichkeit dar.

4.13.1.4 Betriebsvereinbarung

Hier gibt es verschiedene Möglichkeiten der Gestaltung und Umsetzung. Ob man es schließlich als „Betriebsvereinbarung für partnerschaftliches Verhalten am Arbeitsplatz“ oder schlicht als „Anti-Mobbing-Dienstvereinbarung“ deklariert, ist letztlich nicht so entscheidend. Wichtiger ist vielmehr, klipp und klar zu benennen, was man unter Mobbing versteht und dass man es unter keinen Umständen dulden wird. In dieser Botschaft liegt gleichzeitig auch die Gefahr: Eine Betriebsvereinbarung führt nämlich nur dann zum Erfolg, wenn man die darin niedergeschriebenen Ziele und angedrohten Sanktionen bei geschehenem Mobbing in die Tat umsetzt. Ansonsten lädt sie Mobber ein, weiter ihr Unwesen zu treiben.

Wesentliche Punkte einer Betriebsvereinbarung wären z.B.:

Überschrift:

Die Überschrift sollte eindeutig kennzeichnen, worum es geht. Denkbar wäre eine Formulierung wie „Betriebsvereinbarung für die respektvolle Zusammenarbeit am Arbeitsplatz“.

Präambel:

In der Präambel sollten sowohl Ursachen als auch Zielvorstellungen der betrieblichen Vereinbarung thematisiert werden.

Geltungsbereich:

Der dritte angesprochene Punkt bezieht sich auf den Geltungsbereich der Vereinbarung. Welche Abteilungen und Beschäftigte sind davon betroffen? Ist die Maßnahme gegebenenfalls zeitlich befristet?

Begriffsklärung und Reichweite:

Was wird unter Mobbing verstanden? Die exemplarische Aufzählung einiger Mobbinghandlungen kann an dieser Stelle Unklarheiten beseitigen und verdeutlichen, ob bei einem bestimmten Zwischenfall bereits von Mobbing oder noch von normalen Auseinandersetzungen gesprochen werden kann. Wichtig ist auch der Hinweis auf Verhaltensweisen, die keine direkten Mobbingkriterien erfüllen, aber dennoch den „Betriebsfrieden" stören und deshalb nicht akzeptiert werden.

Verhaltenskodex:

Wie haben sich die Beschäftigten zu verhalten, um schädlichen Konfliktsituationen aus dem Weg zu gehen und was ist zu tun, wenn ein Streit bereits ausgebrochen ist? Welche Aktivitäten sind unerwünscht und werden nicht geduldet? Diese Fragestellungen sollten anhand des Verhaltenskodex geklärt werden.

Betriebsklima:

Der Aspekt „Betriebsklima" wirft weitere Fragen auf: Welche Maßnahmen tragen zur Stärkung eines positiven Betriebsklimas bei? Wer nimmt wann und wo an diesen Maßnahmen, z.B. einer Vorgesetztenschulung, teil? Wie werden Freistellung und Kostenübernahme für die Teilnahme daran organisiert?

Konfliktlösungsverfahren:

Das Konfliktlösungsverfahren hat die Bewältigung von Konfliktsituationen in einem Unternehmen zum Inhalt. Der dafür vorgesehene Maßnahmenkatalog kann im Bedarfsfall von externen Experten geprüft und die Durchführung der Konfliktbereinigung beratend begleitet werden.

Hilfe für Mobbingbetroffene:

Um Betroffenen effektiv helfen zu können, ist die betriebliche Unterstützung von großer Bedeutung. Diese muss jedoch entsprechend organisiert und strukturiert werden. Deshalb darf in einer Betriebsvereinbarung auch der Hinweis auf den Zeitpunkt, den Ort und die inhaltliche Gestaltung der unterstützenden Angebote nicht fehlen. Darüber hinaus ist auf anfallende Kosten und eine Freistellung der Mitarbeiter, die an den betreffenden Maßnahmen teilnehmen, hinzuweisen.

Sanktionen (falls gewünscht):

Wann muss ein Mitarbeiter mit Sanktionen rechnen, und wie wird er bestraft? Auch dieser Hinweis sollte in einer Betriebsvereinbarung Berücksichtigung finden. So darf man im Ernstfall auch vor einer Kündigung nicht Halt machen.

Mobbingbeauftragter:

Wer wird als Mobbingbeauftragter tätig? Welche genauen Aufgaben hat er in seiner Position? Ist er entsprechend geschult? Wird ein Mitglied aus dem Betriebsrat oder ein externer Berater mit dieser verantwortungsvollen Aufgabe betraut? Arbeitet er allein oder zieht er ggf. erfahrene Personen (beispielsweise Ärzte, Sachverständige oder Rechtsanwälte) hinzu? Diese Fragen sollten ebenfalls geklärt werden.

Sensibilisierung und Qualifizierung:

Hierbei geht es in erster Linie darum, welche Maßnahmen (z.B. Vorträge, Seminare, Schulungen) zur Sensibilisierung und Qualifizierung von Vorgesetzten und Beschäftigten ergriffen und wie diese finanziert werden.

Schlichtungsstelle:

Welche Stelle ist verantwortlich, wenn der Versuch einer Schlichtung unternommen wird und welche Verfahren werden angewandt?

Schlussbestimmungen:

Zu den abschließenden Bestimmungen könnten zählen:

- Information (Aushändigung der Betriebsvereinbarung an Adressatenkreis, Aushang am schwarzen Brett, Erläuterung der Betriebsvereinbarung auf einer Betriebsversammlung)
- Salvatorische Klausel
- Pflicht zur Fortschreibung der Betriebsvereinbarung im Bedarfsfall
- Inkrafttreten einer unbefristeten Dienstvereinbarung, Kündigung, Nachwirkung der Vereinbarung[6]

Eines der ersten Unternehmen, das sich an eine Betriebsvereinbarung gewagt hat, ist Volkswagen. Der Automobilkonzern sei damit gut gefahren, wie mir in einem Gespräch mit Konzernverantwortlichen bestätigt wurde. Inzwischen folgen zunehmend Unternehmen nach, die sich des Themas ebenfalls angenommen haben. Dennoch lohnt ein Blick auf die frühe Umsetzung eines „Veteranen der Betriebsvereinbarung".
Suchen Sie ruhig einmal nach aktuelleren betrieblichen Regelungen. Vielleicht erkennen Sie innovative Züge. Das Grundgerüst dürfte jedoch nach wie vor Gültigkeit haben.

---

[6] Vgl. Esser, Axel, Wolmerath, Martin, Mobbing, 1998: Der Ratgeber für Betroffene und ihre Interessenvertretung,, S. 296 ff.

Die Anti-Mobbing-Betriebsvereinbarung von Volkswagen:[7]

Partnerschaftliches Verhalten am Arbeitsplatz

Gültig ab: 01.07.1996

Präambel

Eine Unternehmenskultur, die sich durch ein partnerschaftliches Verhalten am Arbeitsplatz auszeichnet, bildet die Basis für ein positives innerbetriebliches Arbeitsklima und ist damit eine wichtige Voraussetzung für den wirtschaftlichen Erfolg eines Unternehmens. Sexuelle Belästigung, die sich meist gegen Frauen richtet, und Mobbing gegen einzelne sowie Diskriminierung nach Herkunft und Hautfarbe und der Religion, stellen am Arbeitsplatz eine schwerwiegende Störung des Arbeitsfriedens dar. Sie gelten als Verstoß gegen die Menschenwürde sowie als eine Verletzung des Persönlichkeitsrechts. Solche Verhaltensweisen sind unvereinbar mit den Bestimmungen der Arbeitsordnung. Sie schaffen im Unternehmen ein eingeengtes, stressbelastetes und entwürdigtes Arbeits- und Lernumfeld und begründen nicht zuletzt gesundheitliche Störungen. Das Unternehmen verpflichtet sich, sexuelle Belästigung, Mobbing und Diskriminierung zu unterbinden und ein partnerschaftliches Klima zu fördern und aufrecht zu erhalten. Dies gilt auch für die Werbung und Darstellung in der Öffentlichkeit.

1. Geltungsbereich

persönlich: für alle Beschäftigten der Volkswagen AG
räumlich: für die Werke der Volkswagen AG

2. Grundsätze

Gemäß der Arbeitsordnung ist jeder Werksangehörige verpflichtet, zur Einhaltung des Arbeitsfriedens und eines guten Arbeitsklimas beizutragen. Hierzu gehört vor allem, die Persönlichkeit jedes Werksangehörigen zu respektieren. Zur Verletzung dieser Würde des Einzelnen gehört insbesondere das bewusste,

[7] Volkswagen AG, Partnerschaftliches Verhalten am Arbeitsplatz, Wolfsburg 2000, S. 55 ff.

gezielte und fahrlässige Herabwürdigen bis hin zum/zur sexuellen Belästigung, wie beispielsweise:

- unerwünschter Körperkontakt,
- anzügliche Bemerkungen, Kommentare oder Witze zur Person,
- Zeigen sexistischer und pornographischer Darstellungen (z.B. Pin-up-Kalender),
- Aufforderung zu sexuellen Handlungen,
- Andeutungen, dass sexuelles Entgegenkommen berufliche Vorteile bringen könnte.

Was als sexuelle Belästigung empfunden wird, ist durch das subjektive Empfinden der Betroffenen bestimmt.

Mobbing, wie beispielsweise
- Verleumden von Werksangehörigen oder deren Familien,
- Verbreiten von Gerüchten über Werksangehörige oder deren Familien,
- absichtliches Zurückhalten von arbeitsnotwendigen Informationen oder sogar Desinformation,
- Drohungen und Erniedrigungen,
- Beschimpfung, verletzende Behandlung, Hohn und Aggressivität,
- unwürdige Behandlung durch Vorgesetzte, wie z.B. die Zuteilung kränkender, unlösbarer, sinnloser oder gar keiner Aufgaben.

Diskriminierung, wie beispielsweise aus
- rassistischen, ausländerfeindlichen oder religiösen Gründen, die in mündlicher oder schriftlicher Form geäußert werden sowie
- diesbezügliche Handlungen gegenüber Werksangehörigen.

3. Beschwerderecht

Wenn eine persönliche Zurechtweisung durch die belästigte Person im Einzelfall erfolglos ist oder unangebracht erscheint, können sich die betroffenen Werksangehörigen an die nachfolgenden Stellen wenden:
- den/die betrieblichen Vorgesetzten,
- den Betriebsrat,
- die Frauenbeauftragte,

- das Personalwesen,
- das Gesundheitswesen.

Diese haben die Aufgabe, unverzüglich, spätestens innerhalb einer Woche nach Kenntnis des
Vorfalls:

- die Betroffenen zu beraten und zu unterstützen,
- in getrennten oder gemeinsamen Gesprächen mit den belästigenden und den belästigten Personen den Sachverhalt festzustellen und zu dokumentieren,
- die belästigende Person über die tatsächlichen und arbeitsrechtlichen Zusammenhänge und Folgen einer Belästigung im vorgenannten Sinne am Arbeitsplatz aufzuklären,
- den zuständigen Gremien Gegenmaßnahmen und ggf. arbeitsrechtliche Konsequenzen im Rahmen der bestehenden Verfahren vorzuschlagen,
- allen - auch vertraulichen - Hinweisen und Beschwerden von Belästigung im vorgenannten Sinne nachzugehen,
- auf Wunsch die/den Betroffenen zu/in allen Gesprächen und Besprechungen einschließlich zu Sitzungen des Personalausschusses zu begleiten, zu beraten und sie in ihrer Vertretung zu unterstützen.

Über die Teilnahme von Vertrauenspersonen an seinen Sitzungen entscheidet der Personalausschuss in Abwägung der Umstände des Einzelfalls. Darüber hinaus können sich betroffene Werksangehörige auch jederzeit an Personen ihres Vertrauens sowie den Werkschutz wenden. Die §§ 84 und 85 BetrVG über das allgemeine Beschwerderecht bleiben unberührt. Die Beschwerde darf nicht zu Benachteiligungen führen.

4. Vertraulichkeit

Über die Informationen und Vorkommnisse, persönlichen Daten und Gespräche ist absolutes Stillschweigen gegenüber Dritten zu bewahren, die nicht am Verfahren beteiligt sind.

5. Maßnahmen

Das Unternehmen hat die dem Einzelfall angemessenen betrieblichen Maßnahmen gem. § 32 der Arbeitsordnung, wie z.B.

- Belehrung,
- Verwarnung,
- Verweis,
- Geldbuße

oder arbeitsrechtliche Maßnahmen, wie z.B.

- Versetzung,
- Abmahnung oder
- Kündigung

zu ergreifen.

Die Durchführung erfolgt in Abstimmung mit dem Betriebsrat. Zur Abhilfe kann auch ein
Beratungs- und/oder Therapieangebot erfolgen. Im übrigen gelten die einschlägigen gesetzlichen Bestimmungen, z.B. das Beschäftigungsschutzgesetz.

6. Fördermaßnahmen

Fortbildung

Im Rahmen der beruflichen Fort- und Weiterbildung von Werksangehörigen wird die Problematik der sexuellen Belästigung am Arbeitsplatz, des Mobbings und der Diskriminierung, des Rechtsschutzes für die Betroffenen und der Handlungsverpflichtungen der Vorgesetzten aufgenommen. Dies gilt insbesondere für:

- betriebliche Vorgesetzte
- Ausbilder/Ausbilderinnen
- betriebliche Ausbildungsbeauftragte
- Beschäftigte des Personal- und Gesundheitswesens sowie den Betriebsrat

- Seminare

In Zusammenarbeit mit dem Gleichstellungsausschuss des Betriebsrates, der Frauenförderung und
der VW-Coaching GmbH werden zielgruppenorientierte Seminare/Seminarbausteine erstellt.

- Information und Aufklärung

Im Interesse einer umfassenden Informations- und Aufklärungskampagne innerhalb der Belegschaft werden die partnerschaftlichen Verhaltensgrundsätze in einer Broschüre der Belegschaft zugänglich gemacht. Darüber hinaus erfolgen unterstützend von Zeit zu Zeit Publikationen mit Vorschlägen/Hinweisen zur Verbesserung des Arbeitsklimas (z.B. Bekanntmachungsbretter).

7. Schlussbestimmung

Die Betriebsvereinbarung tritt am 01.07.1996 in Kraft. Sie kann mit einer Frist von 3 Monaten zum Jahresende, erstmals zum 31.12.1997, gekündigt werden. Wird diese Betriebsvereinbarung gekündigt, z.B. im Falle einer Änderung einschlägiger gesetzlicher Vorschriften oder Rechtsprechung, gelten die Festlegungen dieser Betriebsvereinbarung bis zum Abschluss einer neuen Vereinbarung weiter.

Wolfsburg, den 20.06.1996
VOLKSWAGEN AG Gesamtbetriebsrat
Unternehmensleitung

Betriebsvereinbarung VW

Setzt man die Prämissen einer Vereinbarung konsequent um, stellt sie ein wesentliches Instrument einer erfolgreichen Mobbingprävention dar. Es ist zu hoffen, dass Unternehmen sich dessen bewusst sind und diese Gelegenheit ergreifen, damit Prävention betrieblich „gelebt“ wird.

Welche Schritte kann ein Arbeitgeber noch unternehmen, um Mobbing effektiv vorzubeugen? Wir haben über die Haltung des Chefs gesprochen, die für eine effektive Mobbingbekämpfung ungemein wichtig ist. Wir haben weitere Maßnahmen wie den Stimmungscheck oder die konkrete Benennung betrieblicher Ansprechpartner thematisiert. Wichtig ist aber auch ein ganzheitlicher Ansatz, der sowohl auf der organisatorischen Ebene als auch bei den beteiligten Personen wirkt.

4.13.1.5 Kombination organisatorischer und personeller Faktoren

Wie bereits skizziert, verspricht eine Veränderung der organisatorischen Rahmenbedingungen nur dann Erfolg, wenn die handelnden Personen innerhalb des Systems „miteinander können". Umgekehrt funktioniert das beste Gespann nicht, wenn der organisatorische Rahmen krankt. Es fällt grundsätzlich schwer, eine klare Trennung zwischen strukturellen und personalen Maßnahmen vorzunehmen; häufig greifen diese ineinander. So werden Entscheidungen, die sich positiv auf organisatorische Strukturen auswirken, auch die Arbeitszufriedenheit der Beschäftigten fördern.

Die Schaffung konfliktmindernder Arbeitsbedingungen ist also ein wichtiger Schritt, aber wo setzt man am besten an? Es dürfte primär um zwei Ziele gehen:

- die inhaltliche Gestaltung der Arbeitsaufgaben

Dieser Punkt beinhaltet eine möglichst flexible Gestaltung der Arbeit an sich. So sollte das Ziel sein, große Monotonie zu vermeiden. Auch Über- oder Unterforderung haben wir bereits als Faktoren benannt, die Konflikte fördern können. Idealerweise räumt man dem Mitarbeiter eine gewisse Freiheit und die Chance ein, eigenverantwortlich zu handeln. Das setzt natürlich ein gewisses Vertrauen voraus. Meist zahlt der Angestellte dies jedoch mit größerer Leistung zurück.

- die Gewährleistung intakter sozialer Arbeitsbedingungen

Intakte Arbeitsbedingungen sind das Grundgerüst und unverzichtbar für ein gesundes Betriebsklima, da ein krankes System die Menschen gefährdet. Deshalb sollten Unternehmen die betriebliche Gesundheitsvorsorge verstärkt zum Thema machen. Wenn man die persönlichen Ressourcen der Mitarbeiter stärkt und gleichzeitig die Arbeitsplatzbelastungen ein Stück weit entschärft, wäre bereits ein wichtiger Schritt gemacht. Natürlich ist dies in der Praxis nicht immer auf Knopfdruck umsetzbar, aber allein die Auseinandersetzung mit betrieblichen Verbesserungschancen schafft ein Bewusstsein für neue Wege.

Wichtig ist auch hier wieder, zunächst die Defizite zu benennen. Was kann ein Unternehmen tun, um bessere – und vor allem gesundere – Arbeitsbedingungen zu schaffen? Sind die Arbeitsplätze ergonomisch korrekt ausgestattet? Wie ist es um die Arbeitssicherheit bestellt? Was kann man konkret unternehmen, um die Belastungen zu minimieren? Wie wäre es mit einem Ruheraum, der Rückzugsmöglichkeiten bietet? Im medizinischen Bereich ist dies bereits etabliert.

Bei der Gruppenarbeit sollte der Arbeitgeber darauf achten, dass sowohl hinsichtlich des Alters als auch bezüglich der Geschlechter eine gesunde Mischung vorliegt. Dies wirkt oftmals entkrampfend.
Ein weiterer wichtiger Aspekt: Sind meine Führungskräfte eigentlich entsprechend geschult oder wäre bspw. in Punkto Konfliktbewältigung eine Fortbildung notwendig?

Es ist aber auch der Mitarbeiter selbst gefragt. Was kann jeder Beschäftigte bei sich persönlich verbessern, um körperlich und seelisch gesunder zu leben? Kann ein Stressbewältigungskurs ein anderes Bewusstsein vermitteln? Wie kann ich einen Ausgleich zu den beruflichen Strapazen schaffen? Habe ich genügend Erfolgserlebnisse? Diese sind unverzichtbar für ein seelisches Gleichgewicht.

In einem dritten Schritt sollten Betrieb und Mitarbeiter gemeinsam ermitteln, was verändert werden konnte und perspektivisch verbessert werden kann. Dann sind beide Seiten gefragt, im Rahmen ihrer Möglichkeiten Dinge umzusetzen – das Unternehmen auf seine Weise und der Beschäftigte im Rahmen der Eigenverantwortung.

Nun haben wir einige Optionen thematisiert, die ein Arbeitgeber gegen Mobbing ergreifen kann. Während diese betrieblichen Präventionsmaßnahmen das „System Arbeitsplatz“ verändern können, muss jeder Mitarbeiter seinen ganz persönlichen „Präventionsweg“ finden.

4.13.2 Persönliche Möglichkeiten der Mobbingprävention

Erscheinen betriebliche Maßnahmen gegen Mobbing recht einleuchtend und zumindest in der Theorie leicht umsetzbar, stellt es sich mit den individuellen Präventionsmaßnahmen etwas schwieriger dar. Wie soll ich mich auch schützen, wenn es jemand gezielt auf mich abgesehen hat? Gegen Mobbing hilft keine schusssichere Weste. Es geschieht versteckt, und nur die wenigsten Betroffenen kennen die gegnerischen Waffen – umso schwerer ist es, sich dagegen zu rüsten. Wo beginnt nun die persönliche Prävention und kann sie uns wirklich vor Mobbingangriffen bewahren? Für mich startet dieses Vorhaben bereits beim Erstkontakt.

4.13.2.1 Das Vorstellungsgespräch

Hier begeben wir uns viel zu schnell in die Hand des potentiellen Arbeitgebers. Sitzen dort nicht die meisten von uns wie das Kaninchen vor der Schlange? Wir schauen unserem mächtigen Gegenüber scheu in die Augen und nehmen von vornherein die Position eines Bittstellers ein.

Aber was wissen wir überhaupt von dem Menschen auf der anderen Seite des Schreibtischs? Der möchte von uns meist eine ganze Menge erfahren – und oft genug sind Dinge mit dabei, die wir eigentlich nur ungern erzählen möchten. Trauen wir uns genauso zu fragen, mit wem wir es da perspektivisch zu tun haben? Immerhin könnte es sein, dass wir diesen Menschen demnächst häufiger sehen als Partner oder Kind. Da sind wir nun und wünschen uns sehnlich dieses verfluchte ja – es sind doch nur zwei Buchstaben, die für uns in diesem Moment aber von elementarer Bedeutung sind; wahrscheinlich sogar wichtiger als das ja zur kirchlichen Eheschließung.

Sagen wir denn eigentlich auch mit der Überzeugung ja, die wir von ihr oder ihm hören wollen? Was wissen wir denn nun über diese Person und all die anderen, mit denen wir zukünftig soviel Zeit verbringen sollen? Das ist es doch, was wir wollen – oder? Genau hier liegt das Problem. Ein Vorstellungsgespräch ist keine Einbahnstraße. Beide Seiten müssen ja sagen – und Sie sollten das nur tun, wenn Sie halbwegs wissen, worauf Sie sich einlassen. Wie es dann in der Praxis funktioniert, weiß man natürlich nie so genau.

Zeitungen oder Internetportale, in denen die hochwertige Unternehmenskultur gepriesen wird, sind meist wenig aussagekräftig. In meiner lokalen Tageszeitung wurde einmal ein Unternehmen für seine mitarbeiterfreundliche Unternehmenspolitik ausgezeichnet. Ein Beschäftigter der Firma schlug daraufhin die Hände vors Gesicht und konnte nicht glauben, was er da las. Er empfand es als Hohn und Spott, da die Realität eine ganz andere war.

Deshalb sollten Sie sich nicht von Zertifikaten oder sonstigem „Schmuck“ blenden lassen. Machen Sie sich selbst ein Bild und fragen Sie, was Ihnen unter den Nägeln brennt. Ein fairer Vorgesetzter hat nichts zu verbergen. Schnuppern Sie erst einmal in den Betrieb und seine Menschen hinein. Arbeiten Sie zur Probe und nutzen Sie die Gelegenheit, das „echte“ Betriebsleben kennenzulernen, um sich nicht auf blendende Werbung verlassen zu müssen. Darüber hinaus gilt es auch, die kleinen Signale zu beachten. Grüßen sich die Mitarbeiter oder läuft man mit gesenktem Kopf aneinander vorbei? Stürmen die Beschäftigten nach Dienstschluss hektisch aus dem Büro oder wird noch ein (privates) Wort gewechselt? Wenn Sie dies erkannt haben, können Sie mit viel größerer Überzeugung ja oder auch nein sagen.

In der Ehe heißt es „Drum prüfe, wer sich ewig bindet, ob sich nicht doch was Bessres findet“.

Ihr privater Beziehungsstatus geht mich nichts an, aber hinsichtlich der geeigneten Arbeitgeberwahl möchte ich Ihnen Geduld und den richtigen „Riecher“ wünschen. Wir werden diesen Aspekt im Kapitel „Mein Chef, das unbekannte Wesen“ noch einmal ansprechen, weil mir wichtig ist, Ihren Eigenschutz nachhaltig zu aktivieren.

Eine weitere Präventionsmaßnahme könnte darin bestehen, erst einmal nicht zuviel Persönliches von sich preiszugeben.

4.13.2.2 Privates bleibt privat

Wissen ist Macht, das sollte uns allen bewusst sein. Ich stelle es gern etwas vereinfacht dar, wenn ich vorwarne: Erzählen Sie von Ihrem privaten Glück, ruft dies möglicherweise Neider auf den Plan. Berichten Sie von Sorgen, wirft man Ihnen unter Umständen vor, den Kopf nicht frei zu haben und die Probleme mit zur Arbeit zu bringen. Es lauern also überall Fallen, in die man nicht zu rasch treten sollte. Leben Sie sich doch erstmal in Ruhe ein. Erst wenn sich ein gewisses Grundvertrauen entwickelt hat, sollten Sie mehr von sich erzählen.

Vielleicht bieten das Wetter, die politische Lage oder das Abschneiden Ihrer Fußballmannschaft ja genügend Gesprächsstoff, um kommunikativ einigermaßen über die Runden zu kommen, bis Sie sicherer sind und das betriebliche Umfeld besser kennen.

Ein weiterer Aspekt der persönlichen Prävention hat mit der nonverbalen Kommunikation zu tun.

4.13.2.3 Körpersprache

Es gibt zahlreiche Untersuchungen zu diesem Thema und alle verweisen darauf, dass unsere Körpersprache aussagekräftiger ist als das gesprochene Wort. Dieses macht beim Überbringen einer Botschaft nur einen geringen Anteil aus. Sind Sie verkrampft, wird man dies vor allem Ihrer Handhaltung ansehen. Aufregung zeigt sich meist (auch) an „wippenden" Füßen. Ihr Körper kann also nicht lügen. Dennoch ist es möglich, an bestimmten Signalen zu arbeiten.
Welche Haltung lege ich an den Tag? Dies muss man nicht unbedingt mit einem Verhaltensforscher klären, sondern kann jeder selbst überprüfen, wenn er in den Spiegel schaut. Wirke ich selbstbewusst oder doch eher wie ein „Mäuschen"? Sende ich Signale aus, die mich stark oder angreifbar erscheinen lassen? Wenn Sie sich selbst betrachten: Was fällt Ihnen auf und wie würden Sie Ihren Ausdruck bei anderen Menschen wahrnehmen? Signalisiert er Offenheit oder Distanz? Oftmals sind es diese Gesten, die den Weg im menschlichen Miteinander ebnen – in eine positive oder negative Richtung. Versuchen Sie daran zu arbeiten und eine positivere Körpersprache auszustrahlen. Dies kann die Weichen in eine ganz andere Richtung stellen.

Ähnliches gilt für bestimmte Umgangsformen und betriebliche Aktivitäten, die gepflegt werden.

4.13.2.4 Soziale Rituale

Zu Zeiten einer Fußball Europa- oder Weltmeisterschaft bricht in den meisten Betrieben das große Tippfieber aus. Wer holt denn nun den Titel? Natürlich setzen die meisten auf das eigene Land. Unabhängig davon, ob Sie Fußballfan sind oder nicht, ist es ratsam, sich an solchen Ritualen zu beteiligen. Sie fördern den kollegialen Umgang miteinander und sorgen für gemeinsamen Gesprächsstoff. Ich habe sogar einige Spiele der deutschen Mannschaft mit einem Arbeitskollegen geschaut und fand es sehr unterhaltsam.

Ähnliches gilt für Regeln des Small Talk: Meist bildet sich Kollegialität und Wertschätzung nicht über großes Fachwissen heraus, sondern entwickelt sich auf anderem Wege. Versteht der Kollege Spaß? Nimmt er sich selbst nicht so ernst? Dies sollte natürlich nicht künstlich wirken, sondern möglichst authentisch sein. Jeden Tag robotergleich einen Witz auswendig zu lernen, wäre wohl wenig erfolgversprechend.
Sie wissen schon, worauf ich hinaus will. Hier kann auch der Chef positive Signale setzen, indem er der Belegschaft im Hochsommer ein Eis spendiert oder einen entspannenden Betriebsausflug anbietet. Botschaften dieser Art sind für die Identifikation mit dem Unternehmen oft wichtiger als ein hohes Gehalt.

Man kann natürlich noch weitere Aspekte nennen, z.B. einen möglichst souveränen Umgang mit Kritik. Auch sollte man hinsichtlich der Arbeitsqualität keine allzu großen Defizite aufweisen. All dies erweckt Aufmerksamkeit und könnte Probleme heraufbeschwören.

Wir erkennen also, dass es durchaus Möglichkeiten gibt, um Mobbing (erfolgreich) vorzubeugen. Hier sind die Chancen für den Arbeitgeber ungleich größer als für den einzelnen Mitarbeiter. Dieser kann zwar ein „entschärfendes" Verhalten an den Tag legen, aber kein schützendes Grundgerüst erstellen. Dies ist Aufgabe der Führung. Tritt ein Unternehmen entschieden gegen Mobbing ein, kann es effektiv bekämpft werden.
Gelingt dies nicht, müssen intervenierende Maßnahmen greifen. Letztlich werden hierbei die Grenzen zwischen der Prävention und Intervention verschwimmen. Wenn ich ein präventives Korsett (bspw. in Form eines Mobbingfrühwarnsystems) errichte, muss ich mich im Mobbingfall genau darauf stützen und verlassen können. Dies werden wir im nächsten Kapitel thematisieren.

4.14 Was tun im Mobbingfall?

Natürlich ist wünschenswert, dass Prävention Erfolg hat, aber verfehlt sie ihr Ziel, so gibt es immer noch Möglichkeiten, den Schaden zu begrenzen. Aber bitte halten Sie sich stets vor Augen: Mobbing ist wie ein giftiger Stachel in Ihrem Körper. Je länger Sie warten, desto mehr entzündet er sich und umso schwieriger wird die Genesung. Außerdem zeigen zahlreiche Studien, dass sich eigene Aktivität auf das Wohlbefinden deutlich positiver auswirkt als ein ängstliches Verharren in der misslichen Lage.

Keine Bange: Mit aktivem Handeln meine ich nicht, dass Sie selbst höchstaggressiv vorgehen sollten. Ich möchte Sie vielmehr ermutigen, sich vertrauten Menschen mitzuteilen. Holen Sie aktiv Informationen ein und lassen Sie sich von einem Konfliktberater unterstützen. Sprechen Sie Ihren Hausarzt an und suchen Sie auch ruhig einmal ein juristisches Beratungsgespräch. Kontaktieren Sie Selbsthilfegruppen und tauschen Sie sich auf diesem Weg mit anderen Betroffenen aus. All dies wird Ihnen Sicherheit geben und Sie vor allem aus der Einsamkeit befreien.

Sollten Sie klärende Gespräche mit Ihrem Arbeitgeber führen, verweisen Sie darauf, dass die Auseinandersetzungen unendlich viele Energien binden - und zwar bei allen Beteiligten. Vermeiden Sie wenn möglich Schuldzuweisungen. Rücken Sie stattdessen die Gesamtinteressen des Unternehmens in den Vordergrund und betonen Sie die Produktivitätseinbußen durch das Konfliktgeschehen, dies wirkt überlegt und sachlich. Erwähnen Sie, dass Sie immer gern für den Betrieb gearbeitet haben, aber die gegenwärtigen Bedingungen sehr belastend sind. Dies könne nicht im Sinne der Beteiligten sein. Deshalb würden Sie sich Unterstützung erhoffen, damit jeder höchst motiviert und effektiv arbeiten kann. Sprechen Sie wenn möglich nicht von Mobbing, sondern lieber von ungelösten Konflikten. Mobbing in den Raum zu werfen, kann eher schaden als nutzen und verschließt womöglich Türen. Leider wird der Begriff heutzutage recht inflationär verwendet, was Betroffenen tatsächlich manchmal zum Nachteil gereicht.

Bei Schlichtungsgesprächen sollte man Zielvereinbarungen aufstellen und Wiederholungsgespräche führen. Dies sind zwar letztlich Signale und Vorgaben, die im Normalfall vom Arbeitgeber ausgehen müssten, Sie können hier aber auch einwirken. Versuchen Sie wenn möglich Öffentlichkeit und Verbindlichkeit zu schaffen. Im Scheinwerferlicht lässt es sich deutlich schwerer mobben als im Verborgenen. Je mehr Menschen um Sie herum sind, desto komplizierter wird es für den Täter, das Geschehen zu kontrollieren und zu steuern – und je mehr klare Vereinbarungen bestehen, desto schwieriger und riskanter wird es für den Mobber sein, diese (erneut) zu brechen.

Soweit die Theorie - als aufschlussreich (aber auch sehr ernüchternd) erweist sich jedoch die Tatsache, dass theoretisches und praktisches Handeln des Opfers im Mobbingfall große Unterschiede aufweist.
In einer englischen Studie wurden Beschäftigte befragt, wie sie sich in der Position eines gemobbten Mitarbeiters verhalten würden. Der Großteil verwies darauf, dass man auf jeden Fall in die Offensive gehen und die Vorwürfe entkräften würde. Über die Hälfte unterstrich auch das Vorhaben, betriebliche Ansprechpartner zu bemühen. Diejenigen, die tatsächlich zu Mobbingopfern wurden, reagierten jedoch nicht annähernd so, wie sie es eigentlich geplant hatten. Aus selbstbewusster Entschlossenheit und angekündigtem Durchhaltevermögen wurden im Mobbingfall rasch Resignation und Skepsis. Hier sind also der fiktive Wille und die harte Realität oftmals soweit voneinander entfernt wie Nord- und Südpol. Das mag zum einen daran liegen, dass die trügerische Sicherheit, die bestimmte Gremien (bspw. der Betriebsrat) scheinbar bieten, in der Praxis nicht in dem überzeugenden Maße gegeben ist. Offenbar ist es aber auch so, dass die Kräfte des Opfers schnell erlahmen und der Rückzug oder gar die innere Kündigung zu Fluchttendenzen zum Eigenschutz werden.

Dennoch sollte man die Kraft aufbringen, sich Menschen anzuvertrauen. Allein kann man das Ganze nämlich kaum meistern. Aber an wen könnte man sich wenden? Es gibt sowohl innerhalb des Unternehmens als auch außerbetrieblich geeignete Ansprechpartner, die Ihnen helfen können. Am Arbeitsplatz ist es in erster Linie die MAV oder der Betriebsrat, aber auch Schwerbehindertenvertretung oder Betriebsarzt können unterstützen. Leider sind innerbetriebliche Ansprechpartner bisweilen Interessenskonflikten ausgesetzt. Deshalb stellen außerbetriebliche Anlaufstellen zum Teil verlässlichere „Partner“ dar. Ob Selbsthilfegruppen oder Gewerkschaften, Juristen oder Psychologen – sie alle können i.d.R. wertfreier und objektiver helfen als „Betriebsinterne“, die beeinflussbar sind.

Unabhängig davon, wem Sie sich anvertrauen – es geht es in erster Linie darum, Stück für Stück Selbstvertrauen zurückzugewinnen und sein Leben wieder in die Hand zu nehmen. Diesbezüglich können ganz verschiedene Ansprechpartner unterstützen. Das kann der Nachbar, der Sie zum Grillen einlädt, genauso tun wie ein geschulter Mediziner. Man muss nicht unbedingt Experte sein, um einem gemobbten Menschen helfen zu können. Es geht vielmehr um Verständnis und Empathie, um ein ehrliches Grundinteresse an der anderen Person.

Aber natürlich empfehle ich auch, sich mit Fachleuten auszutauschen. Eine fundierte medizinische Unterstützung ist auch strategisch hilfreich, wenn man Gutachten benötigt und ein Zusammenhang zwischen den Geschehnissen am Arbeitsplatz und einer seelischen Erkrankung hergestellt werden kann. Dies ist sowohl bezüglich der Bewilligung von Rehamaßnahmen als auch hinsichtlich möglicher Regressansprüche gegen den Arbeitgeber empfehlenswert.
Falls Sie psychologisch beraten werden, fragen Sie doch einmal nach einigen „Programmen", die für Ihre Genesung interessant sein könnten. Ich kenne Tageskliniken oder Ambulanzen, in denen beispielsweise ein Selbstsicherheitstraining oder Stressbewältigung angeboten werden. Hier gibt es die Möglichkeit, Situationen aufzuarbeiten und perspektivisch besser zu lösen.

Aber lassen Sie uns noch einmal etwas allgemeiner prüfen: Was kann ich ganz spontan tun, wenn ich mich in einer Mobbingsituation befinde? So banal und wenig vielversprechend es auf den ersten Blick klingen mag: Oftmals ist eine Krankschreibung der erste und wichtigste Schritt zur Befreiung.

„Das bringt doch nichts, da laufe ich doch nur weg und zeige Schwäche" antworten mir viele Betroffene. Das mag zunächst den Anschein haben, aber es geht erst einmal darum, sich selbst zu schützen. Was nützt es, sich dauerhaft selbst zu zerstören bzw. kaputt machen zu lassen? Sicher hilft eine Krankschreibung objektiv betrachtet zunächst nicht unmittelbar bei der Problemlösung, aber es geht auch darum, wieder zur Ruhe zu kommen, mal wieder durchschlafen zu können. Auf diesem Wege kann man die eigene Souveränität zurückgewinnen und sondieren, wie es weitergehen kann – so wie bislang sicher nicht.

Es gilt also, die Lähmung abzuschütteln, die das Mobbing auslöst. Womöglich haben Sie sich wie eine Marionette gefühlt. Nun heißt es, die Fäden selbst wieder in die Hand zu nehmen und über die eigene Zukunft zu entscheiden. Das ist in einer permanenten Drucksituation kaum möglich, hierfür benötigen Sie einen freien Kopf.

Ein wichtiger Schritt ist die Dokumentation der Ereignisse. Ich bezeichne dies als Mobbing- oder Konflikttagebuch führen.

Ein exemplarisches Mobbingtagebuch könnte bspw. folgendermaßen aussehen:

Datum	Uhrzeit	Was ist geschehen?	Wer war beteiligt?	Persönliche Einschätzung	Kommentare
08.04.2012	10:30	Ich betrete den Raum, und die Gespräche verstummen.	Kollegen Müller, Steinke, Krug und Lindner	Mir ist nicht klar, warum die Gespräche eingestellt werden.	Was hat man gegen mich?
24.04.2012	14:00	Auf dem Flur grüßt Frau Schäfer nicht zurück.	Frau Schäfer	Was hat sie?	Vielleicht war sie im Stress.
17.05.2012	12:30	Als ich mich zu den Kollegen Krug und Lindner an den Tisch setzte, standen beide auf.	Kollegen Krug und Lindner	Die mögen mich nicht (mehr)!	Hab ich etwa was Ansteckendes?
06.06.2012	11:00	Die Unterlagen für den Kunden „Sparkasse“ sind von meinem Schreibtisch verschwunden.		Jemand hat meine Unterlagen vom Tisch genommen.	
13.07.2012	7:55	Die am Freitag vermissten Unterlagen habe ich in der obersten Schublade gefunden, dort waren sie vorher definitiv NICHT!			Wer will mich da ärgern?
15.07.2012	10:00	Chef fragt mich, warum ich nicht beim 9 Uhr Meeting der Gruppenleiter war.	Chef, Kollegen Müller, Steinke und Lindner	Ich wusste nichts von dem Termin.	Warum sagt man mir nicht Bescheid?

Sinn des Ganzen ist die eigene Niederschrift des Erlebten. Es ist quasi eine erste intensive „Selbstanalyse“, für die man gar keinen Mediziner, Juristen oder Berater benötigt. Manchem Betroffenen hilft dies bei der Bewältigung des Geschehens; andere kämpfen mit Gedanken, die dann wieder hochkommen. Letztlich ist es aber strategisch wichtig, die Ereignisse schriftlich zu fixieren – unabhängig davon, ob es Ihnen gut tut oder eher aufwühlend wirkt.

Das Tagebuch muss keinem Schocker gleichen, der minütlich neue Horrorsequenzen liefert. Es geht stattdessen um eine Entwicklung – eine konfliktverschärfende Tendenz, die erkennbar wird. Wenn man über einen Zeitraum von mehreren Monaten gezielte Schikanen dokumentieren kann, ist man schon einen gehörigen Schritt weiter. Dann hat auch ein Anwalt „Futter“, mit dem er arbeiten kann.
Das Ganze darf durchaus Lücken aufweisen. Es kann sein, dass die Intensität des Mobbings zwischenzeitlich nachlässt. Schließlich ist der mobbende Chef oder Kollege auch mal im Urlaub oder mit einem beruflichen Projekt beschäftigt und „vernachlässigt“ sein Opfer. Mobbing verläuft nicht geradlinig und keineswegs jeden Tag gleich intensiv. Deshalb ist eine realistische Dokumentation der Ereignisse wichtig. Mit diesen Notizen im Rücken sollte man dann die nächsten strategischen Schritte einleiten und den Mobbern ggf. die Stirn bieten. Gehen die Angriffe von Kollegen aus, kann man sich an die betrieblichen Gremien wenden und auch den Vorgesetzten einschalten. Im Idealfall gibt es Zeugen, die Ihre Version bestätigen. Dies ist aber eher selten der Fall, weil die meisten Beschäftigten nicht gern ins Geschehen hineingezogen werden.

Ist Ihr Chef der Mobber, verkompliziert das die Lage. An wen wendet man sich in diesem Fall? Nun, die Ausgangsposition bleibt zunächst gleich: Sie sind gefordert, das Mobbing zu benennen und „anzuzeigen“. Auch beim Bossing sind der Betriebsrat oder die MAV verpflichtet, einzugreifen und Sanktionen auszusprechen. Dies stellt sich aufgrund der Machtfülle des Vorgesetzten jedoch oft schwierig dar. Hier gilt es umso mehr, auf außerbetriebliche Stützen zu bauen und sich auch anwaltlich beraten zu lassen. Beim Mobbing „von oben nach unten“ ist die Verletzung der betrieblichen Fürsorgepflicht ein entscheidender Faktor, den es zu berücksichtigen gilt. Eine Führungskraft, die diese Pflichtverletzung begeht, macht sich nämlich strafbar.

Letztlich hängt der Weg, den Sie gehen wollen, auch immer von der individuellen Stabilität ab. Schwer angeschlagen würde eine juristische Auseinandersetzung zur Tortur, und die betriebliche Rückkehr käme unter Umständen einem Spießrutenlauf gleich. Manchmal kann also ein Aufhebungsvertrag die beste Lösung sein, um die eigene Gesundheit zu schonen. Nicht wenige Betroffene gehen über ihre Kräfte und kämpfen einen schier aussichtslosen Kampf: Die Folge sind oft langfristige Erkrankungen über Jahre hinweg. So weit sollte man es nicht kommen lassen. Kein Arbeitgeber ist es wert, die eigene Gesundheit zu ruinieren.
Deshalb ist es im Mobbingfall auch sinnvoll, für sich selbst Rituale und Erfolgserlebnisse (wieder) zu entdecken. Was hat Ihnen früher einmal gut getan, ist aber durchs Mobbing verschüttet worden? Was könnte Sie gegenwärtig aus Ihrer Lage befreien? Es ist wichtig, bestimmte Gewohnheiten zu finden, die Ihnen durch den Alltag helfen und zur Bewältigung des Erlebten beitragen. Dies können ganz einfache Dinge sein. Ich persönlich gehe am Wochenende gern in vertrauter Runde essen, eine Freundin schwärmt für die Dauerkarte ihres Fußballclubs. Für Sie ist es vielleicht eher eine Fahrrad- oder Motorradtour, die „therapeutisch" wirkt.

Das mag vielleicht irritieren und Sie werden fragen, was das alles mit der Mobbingsituation zu tun hat – auf den ersten Blick nicht viel, auf den zweiten schon eher. Ein wichtiger Punkt beim Mobbing sind die persönlichen Ressourcen und sozialen Netzwerke. Diese haben entscheidenden Einfluss darauf, wie man die Misere überstehen kann.

Stellen Sie sich das Ganze doch wie ein Gleichgewichts- oder Säulenmodell vor.

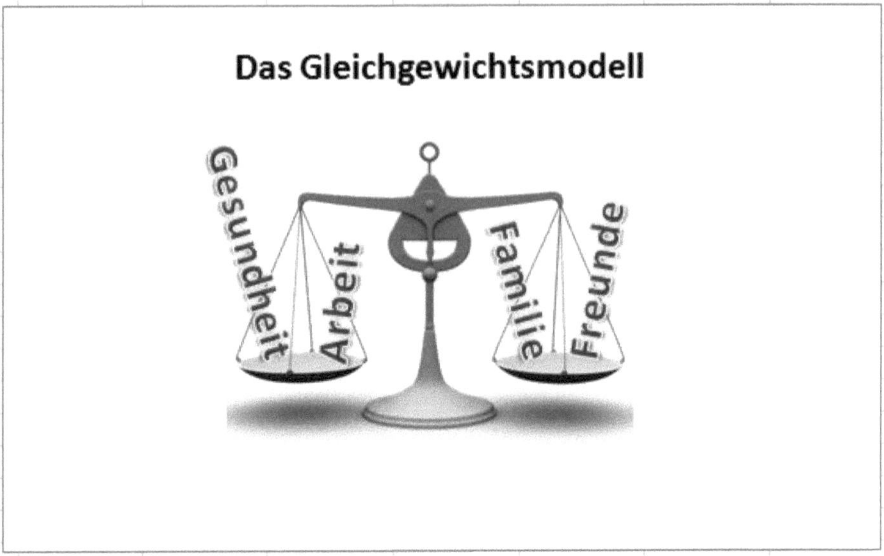

Je stabiler Ihre private Säule ist, desto besser können Sie das Mobbing „auspendeln“. Darauf kommen wir später noch zu sprechen. Was passiert, wenn mehrere Säulen einstürzen, lässt sich leicht ausmalen. Dann bricht nämlich das Haus – in dem Fall Ihr Leben – gewissermaßen zusammen, manchmal bleibt nur ein Trümmerhaufen zurück.

Die Frage nach dem richtigen Handeln im Mobbingfall sollte man aber nicht nur hinsichtlich des Gemobbten stellen. Mobbing ist schließlich kein Geschehen, das sich nur zwischen zwei Menschen abspielt. Die Dynamik einer derartigen Auseinandersetzung führt früher oder später immer dazu, dass auch andere Personen daran beteiligt sind. Das lässt sich meist gar nicht verhindern. Ob Kollegen, Vorgesetzte, das persönliche Umfeld des Opfers, vielleicht sogar das des Mobbers – alle direkt oder indirekt Beteiligten werden früher oder später registrieren, dass da irgendwas nicht stimmt.

Was darf man nun von Kollegen und Vorgesetzten einfordern, wenn sie vom Mobbinggeschehen erfahren? Unter der Voraussetzung, dass sie selbst nicht am Mobbing beteiligt sind, gibt es durchaus Möglichkeiten der Unterstützung. Zunächst gilt es, dem Gemobbten zuzuhören und ihn nicht ganz allein zu lassen. Sich gegen die geballte Mobberfront zu stellen, um den Kollegen zu schützen, ist natürlich schwer. Das muss man auch nicht unbedingt verlangen. Nicht mit-

zumachen wäre schon mal ein Anfang. Aber könnte man nicht nach Dienstschluss auf das Opfer zugehen und ihm ein offenes Ohr anbieten? Auch das dürfte hilfreich sein.
Vielleicht kann man auf außerbetriebliche Ansprechpartner verweisen; ich denke hierbei z.B. an eine Gewerkschaftskundgebung oder andere Informationsveranstaltungen zum Thema. Zweimal haben Kollegen den Gemobbten in unsere Selbsthilfegruppe begleitet – quasi als moralische Unterstützung.

Kollegialer Rückhalt tut gut und ist mitunter ein Rettungsanker. Letztlich befindet sich jedoch der Arbeitgeber in der Pflicht, einen Maßnahmenkatalog gegen Mobbing umzusetzen; hier haben wir ja bereits einiges aufgezeigt. Was konkret unternommen wird, hängt von der Intensität des Geschehens ab. Vom „No blame approach", einer lösungsorientierten Methode, bei der Schuldzuweisungen vermieden werden bis hin zu harten Sanktionen, ist vieles denkbar. Oftmals wird auch eine Mediation zwischengeschaltet, um eine schnellere Entkrampfung zu erreichen. Möglichkeiten, dem Mobbing zu begegnen, gibt es also reichlich. Alles im Detail auszuführen, würde den Rahmen sprengen. Im übrigen richtet sich dieses Buch primär an Betroffene und ihre Möglichkeiten, sich bestmöglich vor Mobbing zu schützen. Welche Maßnahmen der Betrieb gegen Mobbing ergreifen kann, ist in meinem ersten Buch „Praktische Mobbing-Prävention – Stopp dem Psychoterror am Arbeitsplatz" ausführlich nachzulesen.

Ich habe es bereits mehrfach erwähnt und bleibe dabei: Spricht sich ein Unternehmen eindeutig gegen Mobbing aus und lebt dieses Bewusstsein vor, kann man es auch gezielt bekämpfen, vielleicht sogar in den Griff bekommen.

Sind Sie persönlich von Mobbing betroffen, bieten sich neben der Krankschreibung zur Regeneration ortsnahe Angebote einer Tagesklinik oder berufliche Rehamaßnahmen an. Auch eine Arbeitstherapie kann helfen.
Hilfreich hinsichtlich beruflicher Perspektiven sind Berufsförderungswerke. Hier kann man Anträge „zur Teilhabe am Arbeitsleben" stellen. Es geht z.B. um Berufsorientierung, Ausbildung und die Auffrischung alter Kenntnisse.

Sie erkennen schon: Mittlerweile ist man als Mobbingopfer nicht mehr ganz so allein wie früher. Die Belastungen werden zunehmend größer, was sich auch an der wachsenden Zahl der psychosomatischen Erkrankungen zeigt. Es gibt also durchaus Hoffnung, auf qualifizierte und verständnisvolle Ansprechpartner zu stoßen.

5. Krank und dann?

Früher oder später stellt sich jeder Betroffene die Frage, wie lange man das Ganze noch aushalten kann und das ist auch gut so. Dies zu hinterfragen, ist nämlich der erste Schritt aus der Misere. So sollten Sie Ihrem Körper fast schon dankbar sein, wenn er Ihnen Grenzen setzt. Als Mensch ist man nämlich äußerst kreativ darin, Situationen zu leugnen – manchmal gar so lange, bis der Magen rebelliert, der Rücken schmerzt oder die Migräne zum ständigen Begleiter wird. Eine Betroffene erzählte mir, dass sie aufgrund des ständigen Drucks und immerwährender Strapazen oftmals das Gefühl hatte zu platzen – bis sie eines Tages tatsächlich von einer Darmperforation ereilt wurde und es somit zur selbsterfüllenden Prophezeiung kam. Seit einiger Zeit ist immer häufiger auch vom Burnout die Rede – das Ergebnis permanenter Überlastung. Irgendwann erlischt das innere Feuer, das einen antreibt. Man fühlt sich, als hätte ein Vampir sämtliche Lebensenergie ausgesaugt. Dies werde ich später in einem eigenen Kapitel ausführen.

Es ist wichtig, die eigenen Signale zu beachten. Bin ich träger, missmutiger geworden? Gibt es überhaupt noch etwas, das mich wirklich antreibt? Hier sind wir bei der Beschreibung dessen, was Ihnen körperlich und seelisch widerfährt. Dies haben wir ja bereits ausführlich bei den Mobbingfolgen thematisiert.

Bedeutsam ist aber auch der formell richtige Umgang mit einer Erkrankung. So gehört zu Ihrer Informationspflicht, den Arbeitgeber im Krankheitsfall unverzüglich davon in Kenntnis zu setzen. „Unverzüglich“ und „Arbeitsunfähigkeit“ sind hierbei zwei Schlüsselwörter. Aber was bedeutet das in der Praxis?

Der Arbeitnehmer sollte den Arbeitgeber grundsätzlich am ersten Tag der Erkrankung - und zwar zu Arbeitsbeginn - informieren. Das ist auch nachvollziehbar, da das Unternehmen planen und z.B. hinsichtlich der Delegierung Ihrer Arbeit improvisieren muss. Ob der erkrankte Mitarbeiter seinen Ausfall telefonisch oder per Fax mitteilt, ist ihm überlassen. Die Mitteilung kann grundsätzlich auch durch Angehörige oder Arbeitskollegen erfolgen. Eine Benachrichtigung auf dem Postweg würde hingegen zu lange dauern. I.d.R. muss man die ärztliche Arbeitsunfähigkeitsbescheinigung innerhalb von drei Tagen nach Beginn der Erkrankung vorlegen. Es gibt aber Ausnahmeregelungen, die der Arbeitgeber im Arbeitsvertrag verankern kann.

Es wird auch gern verlangt, dass man auf die Dauer der Fehlzeit hinweist, aber da nur die wenigsten Menschen in die Zukunft schauen können, stellt sich dies als schwierig bis unmöglich dar. Hierbei muss man sich natürlich ein Stück weit auf das ärztliche Urteil verlassen. Schreibt der Arzt Sie krank, haben Sie Ihren Arbeitgeber darüber rasch zu informieren. Das Gleiche gilt für eine Verlängerung der Krankschreibung. Der Hintergrund Ihrer gesundheitlichen Probleme bleibt jedoch Privatangelegenheit. Wie offen Sie darüber sprechen (und in diesem Fall ist Schweigen Gold), liegt allein bei Ihnen.

Sollten Sie im Urlaub erkranken, gilt übrigens das Gleiche wie für den Hexenschuss im heimischen Garten. In beiden Fällen muss das ärztliche Attest den Arbeitgeber innerhalb von drei Tagen erreichen. Am besten gehen Sie auf Nummer sicher und faxen es. Wer weiß wie lange ein Brief aus Südamerika braucht, um rechtzeitig anzukommen. Es könnte ganz schön eng werden.
Ein rechtzeitiges Informieren der Firma ist auch in Ihrem Interesse. Erkranken Sie im Urlaub, so werden die durch ärztliches Attest nachgewiesenen Tage der Arbeitsunfähigkeit nämlich nicht verbraucht, sondern bleiben Ihnen erhalten. Der Arbeitgeber kann jedoch die Glaubwürdigkeit Ihrer Bescheinigung anzweifeln, wenn ihm der Mallorcaurlaub im wahrsten Wortsinne spanisch vorkommt. Im Zweifelsfall müssen Sie für Ihre Aufrichtigkeit eintreten. Nun geht es aber juristisch ins Detail.
Tun Sie Ihre Pflicht und weisen den Arbeitgeber auf die entsprechende Erkrankung hin – egal, wo es Sie erwischt. Dann stehen Sie „sauber" da und setzen sich nicht der Gefahr aus, gegen bestimmte Grundsätze verstoßen zu haben. Verhalten Sie sich bezüglich Ihrer Mitteilungspflichten nicht ordnungsgemäß, können Ihnen nämlich unter Umständen arbeitsrechtliche Konsequenzen drohen. Diese reichen von Abmahnungen über Lohneinbehalt bis zur Kündigung.

Kommen wir zum Begriff „Arbeitsunfähigkeit". Warum beißt er sich denn so daran fest, werden Sie sich vielleicht fragen. Nun, krank zu sein bedeutet nicht automatisch, dass Sie auch arbeitsunfähig sind. Ein Fußballer wird mit einer Zerrung seiner Arbeit nicht nachgehen können, eine Sekretärin hingegen schon. Im umgekehrten Fall wird die Sekretärin mit einer gebrochenen Hand kaum arbeitsfähig sein, während ich schon so manchen Fußballer mit Spezialmanschette spielen sah. So kann also ein Mensch mit einer Einschränkung in seinem Metier nahezu voll einsatzfähig sein, während eine andere Person mit dem identischen Handicap in ihrem Bereich nicht einmal annähernd die volle Leistung bringen kann. Krank sind sie in der allgemeinen Wahrnehmung also womöglich beide, arbeitsunfähig wäre in unseren Fallbeispielen jedoch nur einer.

Ähnliches gilt für einen möglichen Nebenjob. So könnte ein fußkranker Sportler also durchaus „nebenbei“ seiner Partnerin bei der Archivierung ihrer Daten helfen, während Kurierdienste seiner Genesung im Wege stehen würden. Derartige Tätigkeiten sind aber immer mit Vorsicht zu genießen, da man unter Umständen schlafende Hunde wecken könnte. Wenn man zu Hause bestimmten Aktivitäten nachgeht, ist die Gefahr eher gering, aber allein die Nachbarschaftshilfe beim Umzug kann Gerüchte anheizen. Unter Umständen stellt der Arbeitgeber Ihnen nach. Bei einem berechtigten Verdacht auf Betrug Ihrerseits dürfte er das sogar.

Dennoch sind Sie - sofern nicht ausdrücklich Bettruhe verordnet wurde - nicht dazu verdammt, ein Sträflingsleben zu führen. Der Einkauf im Supermarkt ist genauso erlaubt wie der Spaziergang durch den Park. Grundsätzlich ist ein erholsamer Aufenthalt in der Natur sogar ausdrücklich empfohlen, da er Ihnen gut tun sollte und somit einen positiven Einfluss auf die Genesung hat. Sie dürfen alles tun, was Ihrer Gesundheit nicht schadet. Bei einer Krankschreibung aufgrund seelischer Probleme oder akuter beruflicher Belastung dürften Sie also auch Karaoke betreiben oder Konzerte besuchen. Die Frage ist nur, ob Ihnen dabei nicht der „Falsche“ über den Weg läuft. Die Welt ist immer dann klein, wenn man es am wenigsten brauchen kann. Und die schlafenden Hunde, die plötzlich aufwachen und laut bellen, wären dann sicher nicht in Ihrem Sinne. In jedem Fall sollte man sich gut überlegen, was man während der Krankschreibung so treibt – es könnte unter Umständen heikel werden.

Gegen eine Reise ist grundsätzlich nichts einzuwenden. Allerdings sollte man auch hier differenzieren. Für einen Asthmatiker ist die Fahrt ans Meer wohl uneingeschränkt empfehlenswert, während ein Mensch mit Bandscheibenvorfall besser zu Hause an seiner Genesung arbeitet. In diesem Fall könnte eine strapaziöse Flug- oder Bahnreise sogar schädlich sein. Hier gilt: „Wer zahlt, bestellt die Musik“. Insofern sollten Sie die Krankenkasse über Ihre Pläne informieren.
Die springt nämlich ein und zahlt etwa 70% Ihres Lohns, wenn Sie länger als sechs Wochen am Stück krankgeschrieben sind (bis dahin erhalten Sie Ihr vollständiges Gehalt vom Arbeitgeber).

Auch wenn nach Ablauf des Entgeltbezugs durch die Firma Ihre Krankenkasse die weiteren Zahlungen übernimmt, gelten für Sie hinsichtlich weiterer Atteste die gleichen Mitteilungspflichten an den Arbeitgeber - und zwar die gesamte Krankheitsdauer betreffend. So kann das Unternehmen besser planen und Ihre Arbeit anderweitig organisieren. Bitte machen Sie keine Alleingänge, das kann für Sie folgenschwer und teuer werden. Stimmen Sie Ihre Aktivitäten mit dem behandelnden Arzt ab und tun Sie nichts, was Ihre Genesung gefährdet.

Sie sollten sich aber auch nicht ins berühmte Boxhorn jagen lassen: Ihr Urlaubsanspruch hat selbst bei längerer Erkrankung Gültigkeit; dies hat der Europäische Gerichtshof Anfang 2009 entschieden. Demnach kann der gesetzliche Mindesturlaubsanspruch nicht verfallen. Für Urlaubsansprüche, die über den gesetzlichen Mindesturlaub hinausgehen (also bspw. arbeitsvertraglich vereinbarter oder tariflicher Mehrurlaub), gilt diese Regelung hingegen nicht. Das Bundesarbeitsgericht hat sich dieser Rechtsprechung inzwischen angepasst.
Für den Arbeitgeber kann dies folgenschwer sein. Auch bei länger andauernder Erkrankung über mehrere Jahre bleibt somit nämlich Ihr Anspruch auf gesetzlichen Mindesturlaub intakt. Ist also ein Mitarbeiter über zwei Jahre erkrankt und war nicht in der Lage, Urlaub zu nehmen, so könnte er seinen gesetzlichen Mindesturlaubsanspruch von zwanzig Arbeitstagen (bei fünf Arbeitstagen pro Woche) nach Wiedererlangung seiner Arbeitsfähigkeit geltend machen und hätte 40 Urlaubstage „im Petto“. Endet das Arbeitsverhältnis nach mehrjähriger Arbeitsunfähigkeit des Arbeitnehmers, ohne dass dieser den Mindesturlaub hat nutzen können, besteht sogar ein Anrecht auf Urlaubsabgeltung. Je nach Dauer der vorherigen Arbeitsunfähigkeit kann dies für den Arbeitgeber teuer werden.

Ich möchte Sie dazu aufrufen, mit Ihrer Krankschreibung bewusst und richtig umzugehen. Ihre Arbeitsunfähigkeit erfüllt auch eine Schutzfunktion für Sie. In dieser Zeit kann der Arbeitgeber Sie nicht unter Druck setzen. Sie haben jedoch die Pflicht, an der Genesung zu arbeiten. Wie Sie das konkret tun, ist Ihre Entscheidung. Wenn Ihnen ein Waldspaziergang hilft, dann ist das Ihr Weg der Eigentherapie.

Bei genauerer Betrachtung ist dieses Kapitel nun schon zu einem kleinen juristischen Exkurs geworden. Es war mir aber wichtig, Sie über einige Aspekte zu informieren, die im Krankheitsfall zu beachten sind. Das nächste Kapitel beschäftigt sich nun konkret mit rechtlichen Fragestellungen im Mobbingfall.

6. Mobbing und Recht

Wer Recht hat, muss auch Recht bekommen. Dieses „Gesetz“ zerschellt nicht selten dort, wo sich Betroffene die größte Unterstützung erhoffen - vor Gericht. Ich habe einen Prozess begleitet, in dem sich der Chef als sozial engagierter Mensch - dem nichts wichtiger sei, als das Wohlbefinden seiner Beschäftigten - verkaufte. Der Richter hat es ihm tatsächlich abgenommen, obwohl die halbe Belegschaft mit langen Krankschreibungen bei mir gelandet ist und den Chef als Choleriker und sogar als Nazi bezeichnet hat.
Aussagen wie „Adolf hatte noch Moral“ oder „Früher hätte man Euch alle vergast“ seien an der Tagesordnung gewesen. Mir liegt eine Tonbandaufnahme vor, auf der besagter Chef einen Tobsuchtsanfall hat. Leider haben Mitschnitte dieser Art vor Gericht als Beweismittel keine Gültigkeit.
Ich selbst habe ihn im Prozess erlebt und seine zwei Gesichter gesehen. Unglücklicherweise hatte er einen guten Anwalt, der ihn eingefangen hat, wenn es kritisch wurde. Soll ich Ihnen sagen, wie es ausgegangen ist? Der „Horrorchef“, wie ich ihn manchmal betitelt habe, verließ den Gerichtssaal als Sieger, weil Zeugen eingeschüchtert wurden und aus Angst schwiegen. Mitarbeiter, die dem Unternehmen noch angehören, äußern sich i.d.R. nicht offen, weil sie Angst um ihren Arbeitsplatz haben und betriebsinterne Repressalien fürchten. Deshalb rate ich, wenn möglich auf Menschen zu setzen, die nicht länger im Betrieb beschäftigt sind. Diese sind in der Lage, offener zu sprechen, weil der Arbeitgeber keinen Druck mehr ausüben kann. Nach meinem geschilderten Gerichtserlebnis bin ich also leider gezwungen, die alt bekannte Geschichte mit den zwei Paar Schuh zu bemühen. Recht haben und Recht bekommen sind nämlich nicht nur zwei verschiedene Paar Schuh, man kann sich mit dem falschen Paar auch ganz schön verlaufen, und dann zwickt und zwackt es immer mehr.

Ich denke dabei spontan an einen Betroffenen, der einmal erzählte, dass er sich ungerecht behandelt fühlte und gegen einen seiner Vorgesetzten vor Gericht gezogen war. Er hatte allumfassend gewonnen und bekam seinen Posten mit sämtlichen Funktionen zurück. Was dann passierte, lässt sich wohl am treffendsten mit dem „internen Abstellgleis“ bezeichnen. Er wurde vom Vorgesetzten geschnitten; außerdem wies man Mitarbeiter an, ihn vollkommen zu ignorieren. Er erhielt kaum noch Arbeitsaufgaben oder Anweisungen, sondern fristete ein trostloses Dasein im leeren Büro. Man ließ ihn beruflich und emotional verhungern.

Ich will Ihnen nicht grundsätzlich von einer Klage abraten, dies kann unter Umständen der richtige Weg sein. Aber machen Sie sich bitte nichts vor: Nach einem Prozess wird Ihr Arbeitgeber Sie nicht mit offenen Armen empfangen. Im Gegenteil: Sie sind quasi Staatsfeind Nummer eins. Oft ist eine gerichtliche Auseinandersetzung auch gleichbedeutend mit dem Ende der Zusammenarbeit. Es geht darum, eine möglichst hohe Abfindung zu erstreiten oder erlebte Erniedrigungen - dokumentiert durch Abmahnungen bzw. ein schlechtes Zeugnis - richtigzustellen. Erwarten Sie aber bitte keine vollständige Rehabilitierung. Kein Richterspruch, so wohlwollend er auch sein mag, wird Ihre Magenschmerzen oder schlaflosen Nächte vollständig „kompensieren" können. Eine emotionale Wiedergutmachung kann es nur bedingt geben.

Sind Sie in der Lage, kontrolliert zu handeln, haben Sie meinen Segen. Wichtig ist in jedem Fall ein erfahrener Anwalt, der sein Handwerk versteht. Und seien Sie sich darüber im Klaren: Juristische Auseinandersetzungen können langwierig und kostspielig sein. Ohne eine Rechtschutzversicherung macht es wenig Sinn. Diese sollte im heutigen (Arbeits-)Leben ohnehin zur Grundausstattung gehören. Der Urteilsspruch ist indes offen. Sie können gewinnen oder verlieren. Ich habe erlebt, dass Richter den gleichen Fall vollkommen unterschiedlich bewertet haben. Das alles sollte Ihnen bewusst sein. Eine ärztliche Bescheinigung, die Ihnen bestätigt, dass Sie durch die Geschehnisse am Arbeitsplatz erkrankt sind, wäre hier natürlich äußerst hilfreich – genauso wie Zeugenaussagen, die Ihre Schilderungen bestätigen. Leider fallen die meisten Zeugen vor Gericht um, weil sie vorher von der Gegenseite entsprechend „bearbeitet" wurden. Da stellt unser erwähntes Beispiel keine Ausnahme dar.
Hier kann eine Aussage auf dem Papier helfen. Lassen Sie sich das Ganze doch schriftlich geben. Dies ersetzt zwar keine Zeugenaussage aus Fleisch und Blut, hat aber auch Aussagekraft. Vielleicht zeigt ein Richter Verständnis dafür, dass eine Person Angst hat, vor Gericht auszusagen und misst einem solchen Schriftstück Bedeutung bei. Der Richter ist schließlich nicht nur Jurist, sondern auch Mensch, der sich seine Gedanken machen wird.

Sorgen Sie wenn möglich dafür, dass Ihnen ein guter Arzt oder eine Selbsthilfegruppe zur Seite steht, um stabilisierend zu wirken. Diese müssen nicht Händchen haltend neben Ihnen sitzen, sollten aber unterstützend im Hintergrund fungieren. Ansonsten wird für Sie unter Umständen die vom weißen Ring gestellte

Frage „Wenn alle den Verbrecher jagen, wer bleibt dann eigentlich beim Opfer?“ zum unfreiwilligen Motto.

Nun habe ich Ihnen aber genug Angst gemacht. Ich kenne nämlich durchaus Fälle, in denen Betroffene Recht bekamen. Ein Mitglied unserer Selbsthilfegruppe hat sich mit einem umfassenden Mobbingtagebuch in die Schlacht gewagt und seinen Arbeitgeber erfolgreich an den Hörnern gepackt. Er war aber auch gut vorbereitet, wusste medizinische Unterstützung an seiner Seite und hatte eine erfolgreiche Rehabilitation absolviert. Auf diesem Wege gestärkt, führte er keinen emotional zehrenden Rachefeldzug gegen die Mobber, sondern nahm sich gemeinsam mit seinem Anwalt Schritt für Schritt die wichtigsten Punkte vor. Entscheidend waren in seinem Fall eine Degradierung und massive Drohungen von Seiten des Vorgesetzten.

Ein weiteres Mitglied unserer Selbsthilfegruppe ist als ehrenamtlicher Richter tätig und formulierte einst etwas süffisant, dass die Gerichte einordnen können, wenn ihnen jemand Arbeit macht. Zwar wird jede Klage als Einzelfall behandelt, aber wenn ein Arbeitgeber zum wiederholten Mal von einem Angestellten vor den Kadi „gebeten“ wird, ist auch dem ignorantesten Richter irgendwann klar, dass der vermeintlich gute Chef vielleicht doch nicht ganz koscher sein könnte. Dieser ehrenamtliche Richter hat übrigens kürzlich in einem Prozess mit dem anderen Beisitzer den Hauptrichter überstimmt und ist dabei einem zwielichtigen Arbeitgeber in die Parade gefahren. Wir erleben also durchaus Erfolgsgeschichten. Und last but not least gab es bereits 2001, als das Mobbingthema noch nicht so sehr in aller Munde war, ein richtungsweisendes Urteil, das Mobbingopfern so manche Tür geöffnet hat. Vielleicht ist das „Thüringer Urteil“ auch Ihnen schon einmal untergekommen. Es wurde häufig zitiert und ist inzwischen fast schon ein geflügeltes Wort, da es Betroffenen erstmals eine hoffnungsvolle rechtliche Perspektive gegen Mobbing aufgezeigt hat.

Genauer gesagt gab es sogar zwei Urteile – einmal wurde die Degradierung eines Angestellten als Mobbing gewertet; in einem anderen Fall bestätigte man die Entlassung eines Vorgesetzten, da dieser seinen Mitarbeiter in einen Suizidversuch getrieben hatte. Auch hier erleben wir also die Bestätigung, dass ein Arbeitsgerichtsprozess gegen Mobbing durchaus gewonnen werden kann. Das Thüringer Landesarbeitsgericht hat mit einigen Passagen der Urteilsbegründung aufhorchen lassen und Position bezogen – insbesondere dadurch, dass man den

Arbeitgeber entscheidend in die Pflicht nimmt. So hat dieser dafür zu sorgen, dass weder das Recht auf freie Entfaltung der Persönlichkeit noch das Recht auf körperliche Unversehrtheit verletzt wird. Die unantastbare Würde des Menschen muss ebenso geschützt werden. In der Praxis bedeutet dies konkret, dass Mitarbeiter einen menschengerechten Arbeitsplatz vorfinden müssen. Der Arbeitgeber wird nicht nur dann in die Pflicht genommen, wenn er selbst schikaniert, sondern auch, wenn er von Gefährdungen weiß und diese nicht unterbindet. Bestehen Bedenken hinsichtlich extrem belastender Arbeitsbedingungen, sind organisatorische und/oder personelle Veränderungen notwendig, um die Persönlichkeitsrechte des Mitarbeiters zu schützen. Vernachlässigt ein Unternehmen diese Fürsorge, kann der Beschäftigte Schadensersatzansprüche und Unterlassensansprüche geltend machen. Je nach dem, wie tief die Verletzungen greifen, ist auch Schmerzensgeld eine mögliche Option.

Leider gibt es in Deutschland im Gegensatz zu Ländern wie Schweden, Frankreich oder Spanien kein Anti-Mobbing-Gesetz; d.h. Mobbing ist in Deutschland kein Straftatbestand. Dennoch hat der Staat in Form eines Arbeitsschutzgesetzes Möglichkeiten geschaffen, um Mitarbeiter vor Schlimmerem zu bewahren. So verpflichtet diese Grundlage Betriebe dazu, gesundheitsgefährdende Arbeitsbedingungen zu minimieren. Das Thüringer Urteil führt weiter aus, dass für einen Mobber, der um die Leiden seines Opfers weiß, keine Grundlage für eine betriebliche Weiterbeschäftigung besteht, wenn er seine Schikanen fortsetzt. Interessanterweise wird darüber hinaus erwähnt, dass eine „Mindestlaufzeit“ des Mobbings nicht zwingend notwendig sei, um entsprechende Urteilssprüche zu verhängen. In diversen Studien wird bekanntlich darauf verwiesen, dass erst nach sechs Monaten gezielter Schikane von Mobbing gesprochen werden könne. Die Tatsache, dass die „Thüringer Leitsätze“ dieses zeitliche Kriterium umgehen, erweitert somit den Handlungsspielraum der Mobbingbetroffenen, die demnach nicht zwangsläufig eine „Mindestleidenszeit“ durchlaufen müssen.

Eine weitere positive Note des Thüringer Urteils besteht im Verweis auf die Relevanz von Mobbing- oder Konflikttagebüchern. Man könne von Betroffenen nicht erwarten, das gesamte Geschehen im Kopf zu haben und überzeugend wiederzugeben. Daher ist ein Tagebuch, das die Ereignisse rekapituliert, eine wesentliche anerkannte Stütze, um die Entwicklung glaubhaft zu dokumentieren.

Medizinischen Gutachten, die einen Zusammenhang zwischen den Ereignissen am Arbeitsplatz und psychosomatischen Erkrankungen des Gemobbten herstellen, wird besondere Bedeutung beigemessen. Unterstützt ein Mediziner die Position des Betroffenen durch ein entsprechendes Dokument, nehmen die Thüringer Richter gar eine Umkehrung der Beweislast vor. In diesem Fall müsse der Mobber belegen, dass keine direkte Korrelation zwischen der Arbeitsplatzsituation und seelischen Erkrankungen des Opfers besteht.

Vor diesem Hintergrund sind die Thüringer Urteile ausnahmslos positiv zu werten, da sie den Arbeitgeber wie nie zuvor in die Pflicht genommen haben. Die Signalwirkung war und ist zweifellos gegeben. Nichts desto Trotz wäre ein eindeutiges Anti-Mobbing-Gesetz wünschenswert, um das Mobbinggeschehen in seiner Gesamtheit zu erfassen und zu sanktionieren, anstatt auf „Ausraster" des Chefs oder Kollegen angewiesen zu sein. Dass es in Deutschland kein Gesetz gegen Mobbing gibt, erfordert nämlich eine noch schlüssigere Beweisführung. Ablehnendes Verhalten ist schließlich schwerlich sanktionierbar. Man kann jemanden schlecht verklagen, weil er einen anderen Menschen ignoriert oder ausgegrenzt hat. Respekt und Akzeptanz sind wünschenswert und sollten im gesellschaftlichen Umgang miteinander selbstverständlich sein. Rechtlich justiziabel ist gegenteiliges Verhalten jedoch i.d.R. nicht. Geht die Abweisung massiv über das sozial vertretbare Maß hinaus (bspw. durch das konsequente Verlassen des Raums, wenn der Kollege diesen betritt), erscheint jedoch eine sanktionierbare Systematik erkennbar. In der Praxis bleibt dieser Punkt allerdings problematisch, weil eine klare rechtliche Positionierung fehlt.

Ähnlich sieht es mit der gezielten Vorenthaltung von Informationen oder übertriebener Kontrolle aus. Leider vermisst man auch hier eine gesetzliche Grundlage zur Sanktionierung dieser „Vergehen". Sollten Sie Ihrem Arbeitgeber hingegen eine Verletzung der Fürsorgepflicht, Beleidigungen oder gar Drohungen nachweisen können, haben Sie gute Karten. Diese Geschehnisse sind – genauso wie üble Nachrede – strafbar und könnten Ihnen den Weg zu einer Schmerzensgeldklage ebnen. Auch hier hilft eine entsprechende Dokumentation der Geschehnisse.

Ich kann natürlich nur einige Punkte anreißen und bin weit davon entfernt, eine Rechtsberatung vorzunehmen. Deshalb gilt wie immer: Bei Risiken und Nebenwirkungen fragen Sie nicht nur Ihren Arzt oder Apotheker, sondern bitte auch

Ihren Anwalt. Oftmals herrscht Scheu, weil man fürchtet, der Anwalt pflügt Rambogleich mit Ihnen durch die Firma. Das ist natürlich Unsinn. Anwälte – zumindest die, die ich kenne – sind auch keine wandelnden Paragraphen, sondern Menschen aus Fleisch und Blut, mit denen man sprechen kann und auch offen kommunizieren sollte. Es geht zunächst lediglich um eine Standortbestimmung, also haben Sie bitte keine Scheu.

Aber was kann man rechtlich denn überhaupt unternehmen, wenn Mobbing in Deutschland nicht sanktionierbar ist? Sind Sie dem Geschehen dann mehr oder weniger hilflos ausgeliefert? Zum Glück nicht!
Wichtig ist, die Vorfälle entsprechend zu benennen – und hierbei eine sich verschärfende Entwicklung zu kennzeichnen. Können Sie glaubhaft darstellen, dass der Arbeitgeber von diskriminierenden Übergriffen wusste, jedoch nichts dagegen unternommen hat oder gar selbst der Aggressor ist, steigen Ihre Erfolgsaussichten beträchtlich. Damit würde nämlich gegen arbeitsvertragliche Pflichten verstoßen.
Strategisch „wertvoll" wäre zudem die Herstellung eines Kausalzusammenhangs zwischen den Angriffen und einer arbeitstechnischen sowie gesundheitlichen Gefährdung. Soll heißen: Wenn Mobbing zur Folge hat, dass die Arbeitsqualität leidet, sollte man dies zum Ausdruck bringen. Noch wichtiger ist es, eine Verbindung zu Ihrer gesundheitlichen Situation zu schaffen. Eine ärztliche Bescheinigung, die dokumentiert, dass Sie durch das Mobbing erkrankt sind, kann Gold wert sein.

Auf dem Wunschzettel Ihres Anwalts würde also eine möglichst detaillierte Dokumentation der Mobbinggeschehnisse über einen längeren Zeitraum stehen. Um das Ganze zu komplettieren, benötigen Sie Atteste und Bescheinigungen, die Ihnen bestätigen, dass Sie durch das Mobbing erkrankt sind. Die Zusatzzahl bei diesem „Lottogewinn" wären schließlich Zeugen, die Ihre Version der Ereignisse bestätigen. Eine solche „Ausstattung" würde so ziemlich jedem Arbeitgeber Angst machen und es dem Anwalt erheblich erleichtern, Ihre Rechte erfolgreich einzuklagen.

Lassen Sie mich einen Punkt anschneiden, der den meisten von Ihnen Scherereien einbringen dürfte:

6.1 Das Arbeitszeugnis

Zwar wird dem Zeugnis meiner Meinung nach manchmal etwas zu große Bedeutung beigemessen, ein wesentliches Element bzw. eine Art „Eintrittskarte" bei neuen Arbeitgebern kann es aber dennoch sein.
Ein kluger Arbeitsrechtler hat mir einmal den Hinweis mit auf den Weg gegeben, als Beschäftigter doch nach einem Zwischenzeugnis zu fragen. Dies kann man „bei berechtigtem Interesse" tun. Was versteht man darunter? Es kann z.B. sinnvoll sein, wenn ein Mitarbeiter versetzt wird oder vor einer möglichen Arbeitsunterbrechung (bspw. aufgrund von Elternzeit) steht. Hier kommen auch taktische Beweggründe ins Spiel. Erhalten Sie das Zwischenzeugnis, und es sieht ganz ordentlich aus, kann der Arbeitgeber Sie später schwerlich als unfähigen und unbequemen Zeitgenossen darstellen, der dem armen Chef ständig das Leben schwer gemacht hat. Dann steht er unglaubwürdig da, und jedes halbwegs normal tickende Gericht wird sich die Frage stellen, warum man diesen angeblich so schlechten Mitarbeiter dennoch so lange in seinen Reihen hatte – zumal das Zwischenzeugnis ja respektabel war. Warum soll seine Leistung dann plötzlich so stark nachgelassen haben?

Der Gesetzgeber verlangt von Unternehmen, ein Zeugnis wohlwollend zu formulieren. Man darf Sie also – zumindest auf dem Papier – nicht mit Schimpf und Schande aus dem Betrieb jagen. Das Verbot negativer Formulierungen gilt im übrigen auch für eingehende Anrufe beim alten Arbeitgeber. Es kommt vor, dass sich der potentielle neue Chef bei seinem Vorgänger nach dem Bewerber erkundigt. Auch hier darf nicht nachgetreten werden. Gewiefte Arbeitgeber, die dem ehemaligen Mitarbeiter dennoch schaden wollen, reagieren achselzuckend. Diese Ignoranz lässt dann auch reichlich Spielraum für Spekulationen.

Jeder von uns kennt den Formulierungsklassiker, dass ein Mitarbeiter bemüht war. Was die schwache Leistung einer Fußballmannschaft noch halbwegs relativiert, ist in „unserer" Arbeitswelt gleichbedeutend mit einem brutalen K.O. - setzen, sechs. Inzwischen sind Arbeitgeber deutlich versierter und vielseitiger darin, einem Arbeitnehmer dessen Sünden verschlüsselt aufs Butterbrot zu schmieren.

Nachfolgend ein kurzer Auszug aus der „Zeugnissprache", die auf entsprechende Feinheiten und Klippen verweisen soll.

In dieser „Positivskala“ erfolgt die Beurteilung über eine Abstufung der positiven Bewertung:

Note 1: „Sie hatte stets ein ausgezeichnetes Einfühlungsvermögen.“
Note 2: „Sie hatte stets ein gutes Einfühlungsvermögen.“
Note 3: „Sie hatte ein gutes Einfühlungsvermögen.“
Note 4: „Sie hatte auch Einfühlungsvermögen.“

Bei der nächsten Bewertungsvariante zählt jeder Buchstabe:

Note 1: „Er erfüllte alle Aufgaben stets zu unserer vollsten Zufriedenheit.“
Note 2: „Er erfüllte alle Aufgaben stets zu unserer vollen Zufriedenheit.“
Note 3: „Er erfüllte alle Aufgaben zu unserer vollen Zufriedenheit.“
Note 4: „Er erfüllte alle Aufgaben zu unserer Zufriedenheit.“

Wir können das Ganze zusätzlich nach unten erweitern.

Note 5: „Er erfüllte seine Aufgaben zum Teil zu unserer Zufriedenheit.“
Note 6: „Er versuchte seine Arbeit zu unserer Zufriedenheit zu erfüllen.“

Neben diesen Beispielen gibt es weitere Methoden, seinem Mitarbeiter die entsprechende „Wertschätzung“ zu zeigen oder eben zu verweigern. Dies praktizieren Arbeitgeber auch gern, indem sie eine zufriedenstellende Bewertung relativieren.

Relativierung:

Wenn ein Mitarbeiter „im Großen und Ganzen“ gut gearbeitet oder „zumeist“ Lösungen gefunden hat, verheißt das nichts Gutes. Einschränkungen dieser Art stellen eine entscheidende Abwertung der geleisteten Arbeit dar.

Eine weitere Methode versteckter Kritik ist die Ausweichtechnik:

Hier lässt man bestimmte Sequenzen einfach aus. Wenn „das Verhalten gegenüber Kollegen einwandfrei war“, die Vorgesetzten aber mit keinem Wort erwähnt werden, lässt das Rückschlüsse zu, dass es mit Führungskräften Probleme gegeben hat. Punkte nicht zu erwähnen, ist in der Zeugnissprache oft gleichbedeutend mit Kritik. So würde einer Schmuckverkäuferin wohl das Genick brechen, wenn man ihr nicht ausdrücklich Ehrlichkeit bescheinigt.

Eine zusätzliche Option ist die Verneinung:

Wenn das Verhalten eines Beschäftigten beispielsweise „keinen Anlass zur Kritik gab", dann war es aber auch nicht gerade lobenswert. Gute Leistungen werden nämlich entscheidend hervorgehoben.

Eine ähnliche Variante erleben wir bei der Passivität:

Wurden Aufgaben, die man Ihnen übertragen hat, „zielorientiert“ gelöst, mag das auf den ersten Blick überzeugend klingen. Es verweist in der Zeugnissprache jedoch auf mangelnde Eigeninitiative. Jemand, der laut Zeugnisbewertung zur Arbeit aufgefordert werden musste, hat bei einem potentiellen neuen Arbeitgeber schlechte Karten.

Eine letzte Methode, die ich ansprechen möchte, ist der gezielte Widerspruch:

Bestätigt der Zeugnisschreiber bspw. Ihre außergewöhnlichen Verdienste, „vergisst“ jedoch, Ihnen für Ihre Arbeit zu danken oder Ihr Ausscheiden zu bedauern, ist klar, „wo der Hase lang läuft“.

Ein gutes Zeugnis beinhaltet am Schluss immer ein respektables Dankeschön für Ihre geleistete Arbeit und das Bedauern der Trennung. Im Normalfall wünscht man dem scheidenden Arbeitnehmer auch noch alles Gute für seine weitere berufliche Zukunft. Ob diese Worte ehrlich gemeint sind und aus vollem Herzen kommen, steht auf einem anderen Blatt.

An weiteren „Fallen“ interessiert?

Wenn Sie sich gegenüber Kunden, Kollegen und Vorgesetzten stets tadellos verhalten haben, klingt das doch gut – oder? Hier liegt der Fehler jedoch in der Rangfolge. Zwar werden die Vorgesetzten in diesem Fall nicht ausgelassen, aber erst nach den Kollegen genannt. Dies beinhaltet die Aussage, dass es mit Ihren Vorgesetzten Konflikte gab.

War ein Mitarbeiter gesellig und hatte stets ein offenes Ohr für andere Beschäftigte, stellt dies leider keine Aufwertung dar, sondern entlarvt ihn als trinkfesten, redseligen Menschen, der die Arbeit gern einem netten Plausch unterordnet.

„Suchte jemand stets nach optimalen Lösungen", klingt das doch auch respektabel – oder? Übersetzt bedeutet dies jedoch, dass der Mitarbeiter ein ewig Suchender blieb, die besagte Lösung jedoch nie fand. Mir kommt da gleich wieder der „bemühte" Mitarbeiter in den Sinn.

Es gibt natürlich noch andere Tricks und Kniffe, um Ihnen verschlüsselt Steine in den Weg zu legen. Ich will Sie aber nicht überladen. Detailfragen sollten Sie ohnehin mit einem Juristen klären.

Ich möchte an dieser Stelle aber noch darauf verweisen, dass Sie nach Beendigung des Arbeitsverhältnisses Anrecht auf ein schriftliches Zeugnis haben. Dieses muss mindestens Angaben zu Art und Dauer der Tätigkeit (einfaches Zeugnis) beinhalten. Der (ehemalige) Beschäftigte kann aber auch weiterführende Angaben verlangen, die seine Leistung und das Sozialverhalten bewerten. In diesem Fall spricht man von einem qualifizierten Zeugnis. Der Zeugnisanspruch greift ab dem Zeitpunkt der Trennung.
Verweigert der Arbeitgeber dem ausscheidenden Mitarbeiter eine zeitnahe Zeugnisausstellung, können Schadensersatzansprüche entstehen. So könnte der Arbeitnehmer bspw. argumentieren, dass ein fehlendes Arbeitszeugnis die Bewerbung bei einem neuen Arbeitgeber verzögert und somit erschwert hat.

Fordert ein Mitarbeiter, der seinen Arbeitgeber verlässt, zunächst kein Zeugnis ein, so kann der Anspruch verwirken. Warum sollte der Arbeitgeber auf einmal „springen", wenn der Beschäftigte zunächst kein ernsthaftes Interesse am Zeugnis signalisiert hat?
Begriffe wie „zeitnah" oder „zeitlich angemessen" sind häufig dehnbar und juristisch schwammig. Um unnötigen, kräftezehrenden Querelen aus dem Weg zu gehen, fordern Sie das Zeugnis besser zeitgleich mit der Trennung vom Arbeitgeber an. So vermeiden Sie unnötiges Theater und eine quälende Hängepartie.
Möchten Sie ein qualifiziertes Zeugnis „mit allem Drum und Dran", äußern Sie dies bitte auch so schnell wie möglich. Ein einfaches Zeugnis später in ein qualifiziertes umzuwandeln, kann problematisch werden. Es gibt aber auch noch eine

gute Nachricht: Ihr Arbeitgeber hat kein „Zurückbehaltungsrecht". Er kann Sie also nicht „erpressen", indem er von Ihnen zuerst verlangt, alle betrieblichen Utensilien (bspw. Arbeitskleidung oder Werkzeug) zurückzugeben, bevor er das Zeugnis ausstellt.

Die Bedeutsamkeit von Arbeitszeugnissen ist unterschiedlich. Für einen Bankangestellten sind entsprechende Referenzen z.B. wichtiger als für eine Reinigungskraft. Unabhängig davon, wie das Zeugnis für Sie selbst klingt, lassen Sie es lieber von jemandem prüfen, der sich damit auskennt. Insbesondere wenn es Probleme mit Ihrem Arbeitgeber gab, sind Firmen kreativ darin, Ihnen Dinge „unterzujubeln", die der Normalsterbliche kaum als negativ erkennt. Andere Arbeitgeber wissen hingegen um diese Botschaften. Lassen Sie sich hier nicht den Weg verbauen. Ein Anwalt kann Ihren Arbeitgeber zum Einlenken zwingen. Werden Sie aber bitte auch nicht hysterisch, wenn Ihre Zeugnisnote keiner „eins plus mit Sternchen" entspricht. Hier wird auch manchmal dramatisiert. Es gibt nämlich durchaus Arbeitgeber, die bei herausragender Bewertung ein Schönfärben wittern. Ein gutes Zeugnis ist vollkommen in Ordnung – oder hatten Sie in der Schule überall ein sehr gut?

Ein weiterer Punkt, mit dem viele Betroffene konfrontiert werden, ist die

6.2 Abmahnung

Oftmals ist die Abmahnung oder ihre kleine Schwester, die Ermahnung, ein Wegbegleiter für Mobbingbetroffene – höchste Zeit also, mit einigen „Abmahnungslegenden" aufzuräumen.Eine Abmahnung ist weder die unbedingte Vorstufe zur Kündigung noch ist es so, dass drei Abmahnungen den automatischen Rauswurf bedeuten. Es kann harmlose Vergehen geben, die Ihnen zehn Abmahnungen einbringen, ohne dass schwerwiegende Konsequenzen folgen. Letztlich macht sich Ihr Arbeitgeber lächerlich, wenn er Ihnen für Nichtigkeiten eine Abmahnung ausstellt. Umgekehrt gibt es aber auch Fälle, in denen man die Kündigung erhält, ohne dass es eine „Vorwarnung" gegeben hat. So gilt beispielsweise die Devise „Wer haut oder klaut fliegt". Viel mehr ist dem nicht hinzuzufügen. Brechen Sie Ihrem Kollegen oder gar dem Chef das Nasenbein, werden Sie demnächst viel Freizeit haben. Gleiches gilt für den Griff in die Kasse. Dann sind Sie ruckzuck draußen – auch ohne vorherige Abmahnung.

Eine (mündliche) Ermahnung oder eben die „populärere" Abmahnung ist nüchtern betrachtet zunächst einmal nicht mehr als ein Hinweis des Arbeitgebers, das Verhalten zu überdenken und zu korrigieren – also quasi ein Warnschuss. Dieser muss nicht einmal böse gemeint sein; manchmal soll er einen allzu trägen oder beratungsresistenten Mitarbeiter einfach aufrütteln. I.d.R. löst ein solcher Hinweis jedoch beim Adressaten oft ein mittelschweres seelisches Erdbeben aus, da man gekränkt und verängstigt reagiert. Dabei sind die meisten Abmahnungen nicht einmal frist- und formgerecht.

Eine korrekt ausgestellte Abmahnung muss folgende Aspekte beinhalten:

1. die konkrete Beschreibung und Benennung des Fehlverhaltens
2. der Hinweis darauf, dass bei wiederholtem Regelverstoß rechtliche Konsequenzen, auch in Form der Kündigung, folgen können.

Außerdem sollte die Abmahnung zeitnah ausgestellt werden. Wenn einem Vorgesetzten erst nach sechs Monaten auffällt, dass der Mitarbeiter schlampig gearbeitet hat, kann er diesen Vorwurf schwerlich glaubhaft aussprechen. Da sollte er schon etwas früher wach werden.

Allgemeine Vorwürfe (bspw. „ein immerwährend unkollegiales Verhalten" oder „ständige Undiszipliniertheiten") erfüllen nicht die Kriterien einer gültigen Abmahnung. Es geht um klar benennbare Situationen, die für das Unternehmen nicht hinnehmbar sind.

Ziel des Arbeitgebers ist bei „meinen" Betroffenen meist gar nicht, den Weg zu einem juristisch einwandfreien Rauswurf zu ebnen, sondern vielmehr, die Menschen zu verunsichern oder zu zermürben – nicht selten mit Erfolg. Aufgewühlt und gekränkt macht man schneller Fehler und neigt zu Kurzschlussreaktionen. Rutscht Ihnen eine unbedachte Äußerung raus, kann man Sie eher „greifen" und disziplinieren. So schießen Sie sich unter Umständen selbst ins Aus. Ob die Abmahnung frist- und formgerecht war, ist dann nur noch eine Randnotiz.

Haben Sie das Gefühl, dass man Ihnen übel mitspielt und die Abmahnung konstruiert ist, kann eine Gegendarstellung sinnvoll sein. Sie können eine kurze Stellungnahme anfertigen, in der Sie Ihre Sicht der Dinge schildern. Dieses Beiblatt wäre zum Beispiel bei Ihrem Anwalt oder im Betriebsratsbüro gut aufgehoben.

Man muss aber nicht auf jeden hanebüchenen Vorwurf reagieren. Wenn Sie das tun, schulen Sie Ihren Arbeitgeber womöglich, es beim nächsten Mal besser zu machen.

Ich möchte einen letzten Punkt ansprechen, der recht häufig thematisiert wird – den

6.3 Aufhebungsvertrag

Wenn man sich an seinem Arbeitsplatz nicht mehr wohl fühlt und Mobbing hierbei eine Rolle spielt, kann die Trennung vom Arbeitgeber die richtige Entscheidung sein. Aber „wie bringt man das Ganze am besten über die Bühne"? I.d.R. gilt es Kündigungsfristen zu beachten. Dies kann besonders ärgerlich sein, wenn man schon bald bei einem neuen Unternehmen beginnen möchte. Hier bietet der Aufhebungsvertrag Optionen. Er ermöglicht eine zeitnahe Beendigung des Arbeitsverhältnisses, ohne Kündigungsfristen einhalten zu müssen. Davon profitieren i.d.R. beide Seiten. So ist nicht nur der scheidende Arbeitnehmer froh, wieder „frei" zu sein. Auch der Arbeitgeber dürfte einen rascheren Schlussstrich bevorzugen, zumal er in diesem Fall keine Kündigungsschutzbestimmungen zu berücksichtigen hat.

Aufhebungsverträge, die zur Beendigung des Arbeitsverhältnisses führen, müssen in Deutschland schriftlich sein. Dies macht nicht nur juristisch, sondern auch inhaltlich Sinn. In einer derartigen Vereinbarung lässt sich nämlich so einiges regeln. Gibt es noch Überstunden, ausstehende Urlaubstage oder den Wunsch nach besagtem Arbeitszeugnis? All das kann (und sollte) man im Aufhebungsvertrag thematisieren.
Ein weiterer Vorteil: Aufhebungsverträge ersparen beiden Seiten langwierige und kostspielige Prozesse, in denen Recht gesprochen wird und es Verlierer geben kann. Um unangenehme Auseinandersetzungen zu vermeiden, vereinbaren Arbeitgeber und Arbeitnehmer im Aufhebungsvertrag meist eine Abfindungszahlung. Im Normalfall orientiert man sich hierbei am Richtwert eines halben Bruttomonatsgehalts pro Jahr der Betriebszugehörigkeit. Das klingt komplizierter als es ist. Haben Sie 2.000 Euro brutto im Monat verdient und waren zehn Jahre im Unternehmen beschäftigt, würden Ihnen laut Faustregel 10.000 Euro „Abschiedsgeld" zustehen. Dies ist aber - wie bereits erwähnt -

lediglich eine Orientierungsgröße. Mit Verhandlungsgeschick können Sie auch mehr für sich erkämpfen. Leider müssen Sie die Abfindung versteuern.

Ein Aufhebungsvertrag hat aber – trotz beschriebener positiver Aspekte – auch einen Pferdefuß. Wer sein Arbeitsverhältnis freiwillig beendet – sei es durch Eigenkündigung oder eben durch die Unterzeichnung eines Aufhebungsvertrags – erhält eine bis zu drei Monate andauernde Sperrfrist des Arbeitslosengeldes, da er seine Beschäftigungslosigkeit selbst verursacht bzw. mitverantwortet. Man kann dies jedoch umgehen, wenn ein wichtiger Grund für die Auflösung vorliegt. Bescheinigt Ihnen ein Facharzt, dass Sie durch die Geschehnisse am Arbeitsplatz erkrankt sind und sich quasi aus Selbstschutz trennen müssen, kann die Sperre gemildert oder aufgehoben werden.

Hiermit möchte ich unseren Ausflug zu den rechtlichen Mobbingaspekten beenden. An dieser Stelle noch einmal der Hinweis: Ich kann hier nur einige Bereiche anreißen und bin weit davon entfernt, Rechtsberatung zu betreiben. Bitte lassen Sie sich in juristischen Fragen wenn möglich anwaltlich beraten.

7. Eine gesellschaftliche Eiszeit

„Verrohung der Gesellschaft", „Kampf um Arbeitsplätze" (und hierbei darf der Kampf fast wörtlich genommen werden), „Mobbing wird immer brutaler" ...

Bilde ich es mir nur ein oder sind dies nicht tatsächlich Schlagzeilen, die immer häufiger zu lesen sind? Hat sie uns nun schon erreicht oder sind wir noch auf dem Weg zu einer emotionalen Eiszeit? Diese Frage sei erlaubt, wenn man betrachtet, wie der gesellschaftliche Umgang miteinander – nicht nur in der Arbeitswelt – immer brutaler wird.
Hier genügt ein Blick in die Zeitung oder Abendnachrichten. Erinnern Sie sich noch, wie Wolfgang Schäuble vor laufenden Kameras seinen Generalsekretär vorführte und demütigte? Dieser hatte ihm offenbar die falschen Unterlagen gegeben. Das solle er nun auslöffeln und noch einmal versuchen, nun aber gefälligst richtig, ließ der Minister süffisant lächelnd verlauten.
Wenn man sich „Deutschland sucht den Superstar" anschaut und mitverfolgt, mit welcher Gnadenlosigkeit Dieter Bohlen Woche für Woche ungeliebte Kandidaten vor einem Millionenpublikum demütigt, könnte man den Eindruck gewinnen, dass die Geringschätzung anderer Menschen offenbar gesellschaftlich etabliert wird.

Dies sind nur zwei Beispiele dafür, wie in der Öffentlichkeit Demütigungen praktiziert werden – und das von „hochrangigen" Prominenten. Gut, über Bohlens Hochrangigkeit kann man trefflich diskutieren, aber ein deutscher Spitzenpolitiker sollte ja eigentlich für Anstand und Würde einstehen und dies vorleben. Ich weiß nicht wie es Ihnen geht, aber ich habe den Eindruck, dass wir bereits mehr denn je in einer Gesellschaft angekommen sind, in der diese Prozesse schön verpackt und fernsehgerecht aufgearbeitet in der Prime Time ablaufen und wir es vielleicht gar nicht registrieren. Erleben wir das Mobbing quasi als neue Gesellschaftskultur? Manchmal scheint es so. Dann wundern wir uns, und die Aufruhr ist groß, wenn solche Vorfälle in Schulen oder Unternehmen zunehmend um sich greifen. Aber ist (bspw. durch die Medien) nicht bereits Toleranz für derartige Szenarien geschaffen worden?

Da fällt mir ein weiteres Beispiel ein. Beim 1.FC Köln hat man den Vertrag mit dem Fußballspieler Kevin Pezzoni aufgelöst, weil dieser von den eigenen „Fans" bedroht wurde – eine Entscheidung, die nach wie vor heftig diskutiert und auch kritisiert wird, weil der Club möglicherweise vor der Gewaltbereitschaft einiger Chaoten kapitulierte. Die Vereinsführung beteuert, dass man sich nicht anders zu helfen wusste und den Spieler nur schützen wollte. Sind Schikane und Gewaltbereitschaft also gesellschaftlich kultiviert und akzeptiert, ja zum Teil sogar gewünscht? Dann wird mir immer mehr Angst und Bange.

Wir müssen ja gar nicht durch die Fernsehprogramme zappen, um den Niedergang eines respektvollen Umgangs miteinander zu erkennen. Schauen wir uns doch als weiteres Beispiel einmal die Zeitarbeit an. Auch hier werden, ähnlich einer Castingshow, Menschen gemolken, bis sie nicht mehr benötigt werden. Dann geht es für die Kuh in Menschengestalt zurück in den Stall oder auf die Wiese. Wo man sich danach in der Herde tummelt, interessiert niemanden. Vielleicht wird man in der Masse untergehen. Schließlich ist die Milch versiegt, und damit setzt die Entsorgung ein. Der Mensch wird zur Ware, über die man frei verfügt und einfach wieder abstößt, wenn man sie nicht mehr benötigt. Was nicht passt, wird passend gemacht. Aber wenn etwas bzw. jemand partout nicht passt, muss er eben weg. Dann streut man solange Gerüchte, bis ein Mensch zunehmend seine Kontakte verliert und gesellschaftlich aushungert. Es ist eine Art sozialer Mord. Meist ist es ein stiller Untergang – selten mit einem großen Knall, aber nicht minder bedrückend.

Sicher „ticken" Menschen heute anders als früher. Die Arbeitsbedingungen haben sich verändert; einige Arbeitsplätze fallen gar ganz weg, weil Computer und Maschinen es einfach besser und schneller können. Es gibt immer weniger Familienbetriebe, da mit zunehmender Globalisierung Tradition und Vertrautheit verloren gehen. Kommt es deshalb tatsächlich zu einem härteren „Kampf" in unserer heutigen Arbeitswelt? Vielleicht muss man das wirklich ein Stück weit akzeptieren, um nicht realitätsfern zu sein. Aber muss man auch hinnehmen, dass der Beschäftigte immer mehr zur schnell ersetzbaren Nummer wird und das Lob für gute Arbeit zunehmend ausbleibt?

Auch privat sehen wir uns zunehmend neuen Herausforderungen und Problemen ausgesetzt. Familiäre Strukturen gehen verloren, Mehr-Generationen-Haushalte werden immer seltener; ältere Menschen sterben vermehrt in Pflegeheimen. Der soziale Verfall schreitet scheinbar unaufhaltsam fort. Das erlebe auch ich immer wieder in Gesprächen. Ein Mobbingbetroffener, mit dem ich einen Beratungstermin vereinbart hatte, musste warten, weil das Beratungsgespräch zuvor länger dauerte. Nachdem ich mich für die Verzögerung entschuldigt hatte, antwortete er:

„Das macht nichts. Wenn man weiß, dass da jemand ist, der einem mal zuhört, dann wartet man gern."

Das Ganze liegt bereits Jahre zurück, und doch habe ich es nicht vergessen. In was für einer Gesellschaft leben wir mittlerweile, dass ein Mensch mit Problemen und Redebedarf einen Termin mit einem wildfremden Menschen ausmachen muss - damit da jemand ist, der ihm zuhört? Anderswo auf der Welt verhungern Menschen, weil sie nicht genug zu essen haben. Wir haben mehr als genug davon, verhungern aber bisweilen emotional.
Aber wie kann es sein, dass all dies in unserer Gesellschaft zunehmend passiert? Ich will mich mit dieser Entwicklung nicht einfach so abfinden. Als ich begonnen habe, dieses Buch zu schreiben, waren die Schlagzeilen über „neue Armut" in Deutschland noch nicht so deutlich zu vernehmen, inzwischen wird auch immer häufiger darüber berichtet. Diese Zeilen wären demnach ohne weiteres durch eine neue Problematik erweiterbar. Mir geht es aber primär um emotionale Armut, eine zunehmende Entsozialisierung und den Werteverlust in der Bevölkerung.

Vielleicht klingt es etwas abenteuerlich, wenn ich Mobbing für so einige Leiden in unserer Gesellschaft verantwortlich mache. Ich erkenne aber durchaus eine gefährliche Wechselwirkung zwischen verschiedenen Problemen, da Mobbing zu einer Verrohung der Umgangsformen beitragen kann wie umgekehrt eine egoistischer handelnde Gesellschaft Mobbing begünstigt. Die Erklärung hierfür ist recht einfach: Gerät Mobbing zum „Normalzustand", wird die Hemmschwelle für dieses Handeln herabgesetzt. Dann scheint die Ausgrenzung anderer Menschen alltäglich zu werden, und moralische Grundlagen für unser Zusammenleben gehen verloren. Genauso öffnet eine brutale Gesellschaft den Mobbern Tür und Tor, da ihr Handeln keine Grenzen mehr sprengt und uns erschaudern lässt, sondern zur gelebten und tolerierten Realität wird. Zwischen Mobbing und einer generell kälter werdenden Welt besteht also ein fataler Magnetismus.

Ein Mobbingfall (man sollte nicht vergessen, dass zu einem „Fall" Menschen gehören, die unter so einer Situation unglaublich leiden können) ist schlimm genug, aber die damit verbundenen Konsequenzen gehen weit über das Mobbing zwischen zwei Personen oder einer kleinen Gruppe hinaus. Mobbing kostet Kraft und verschlingt die Energie vieler Menschen. Ein ungelöster Konflikt spielt sich nämlich nicht mehr nur zwischen den Streitparteien ab, das berufliche und private Umfeld ist davon ebenfalls betroffen. Oder glauben Sie, eine heftige Auseinandersetzung zwischen Beschäftigten lässt das berufliche Umfeld völlig kalt? Die unangenehmeren Zeitgenossen werden das Geschehen womöglich mit großer Freude verfolgen und – einer Schulhofprügelei gleich – weiter anheizen. Die verantwortungsvolleren Kollegen dürften das Ganze mit großer Sorge begleiten. In jedem Fall fällt ein normales Weiterführen der Arbeitsabläufe äußerst schwer. Zum einen leidet bei allen direkt oder indirekt Beteiligten erheblich die Konzentration, zum anderen werden Grundsätze der Zusammenarbeit gefährdet. Ich könnte in so einer Atmosphäre jedenfalls nicht meine Höchstleistung abrufen. Ein vergiftetes Klima der Angst, in dem das gegenseitige Vertrauen leidet und man es kaum wagt, Fragen zu stellen oder Vorschläge zu machen, vernichtet meiner Meinung nach jegliche Form der Natürlichkeit und Spontaneität.

Wie sieht es mit den Familien und Freunden der Mobbingparteien aus? Was glauben Sie, welche Dramen sich dort hinter den Kulissen abspielen? Von einem Familienleben (die Betonung liegt auf Leben) kann da keine Rede mehr sein, wenn die gemobbte Mutter oder der gepeinigte Vater apathisch am Küchentisch sitzen und ins Leere starren. Das ist für manche Ehe ein kaum zu bewältigender Härtetest, aber auch die Kinder leiden und werden durch diese Erfahrungen geprägt. Es geht schließlich nicht nur um das tägliche Spießrutenlaufen, sondern auch um massive Zukunftsängste, weil die Gesundheit und berufliche Perspektiven gefährdet sind. Da bleibt oft keine Kraft mehr für gemeinsame Freizeitaktivitäten, meist geraten schon banale Alltagsaufgaben zu beinahe unüberwindbaren Hindernissen. Erholung wird zum Fremdwort, da man in seinen Gedanken gefangen ist.

Nicht nur Partnerschaft und Familie leiden, auch das soziale Umfeld erkennt den Gemobbten oftmals nicht mehr wieder; alles verändert sich. So werden aus ehemals aktiven Menschen desillusionierte, fragile Personen, die sich immer mehr zurückziehen und kaum mehr Lebensfreude ausstrahlen. Nicht selten entwickeln sich auch Aggressionen, die sich dann an den falschen Adressaten richten.

Und wie stellen wir uns das Privatleben des Mobbers vor? Halten Sie diesen für einen ausgeglichenen, gut gelaunten Familienmenschen? Um diese Intensität emotionaler Kälte aufrecht zu erhalten, muss man da wohl schon ganz gut trainiert sein – oder? Vielleicht nächtigt er in der Gefriertruhe, um sich für seine Aufgaben zu rüsten. Ich sehe da jedenfalls keinen warmherzigen Menschen vor mir, der mit Liebe und Lebensfreude sein privates Umfeld mitreißt.

Mobbing wirkt also bei allen Beteiligten zerstörerisch; vielleicht ist dem Mobber sein Abstiegsstrudel nur noch nicht so bewusst. Bei ihm mag die Wirkung verzögert, aber nicht weniger wuchtig einsetzen, wenn ihm klar wird, dass er sich selbst den Ast absägt. In einem vergifteten Mobbingklima wird nämlich früher oder später jeder infiziert.

Aber lassen Sie mich noch ein wenig über unsere krankende Gesellschaft philosophieren: Wird nicht auch der Preis für Zivilcourage immer höher, weil eine verheerende Verschiebung der moralischen Grundsätze einsetzt? Sich für andere zu engagieren und gegen Unrecht anzukämpfen, fällt zunehmend schwerer, wenn das Gefühl für ein respektvolles Miteinander verloren geht.
Was sind nun die Folgen dieser Fehlentwicklung? Wir spüren sie an einer massiven Zunahme seelischer Erkrankungen. Allein in der psychosomatischen Klinik, in der ich arbeite, ist ein gewaltiger Anstieg psychischer Belastungen zu verzeichnen. Zum Thema Burnout folgt gleich noch ein eigenes Kapitel.

Während man sich früher primär mit körperlichen Beschwerden beschäftigte, hat also heutzutage der Berufszweig des Psychologen eine enorme Perspektive. Ein Arbeitsmediziner eröffnete mir vor ein paar Jahren etwas süffisant, dass in Zukunft jeder Mensch seinen eigenen Therapeuten brauche – wie Recht er damit haben sollte. Es müsste aber nicht nur im Interesse von Therapeuten, Mediatoren oder Streitschlichtern sein, sich intensiver mit dem Thema auseinanderzusetzen, sondern allen am Herzen liegen. Ansonsten steht zu befürchten, dass der gesellschaftliche Werteverfall weiter fortschreitet. Hier sind wir demnach alle gefordert entsprechend gegenzusteuern.

Können wir dem noch Einhalt gebieten? Ich hoffe ja. Wir alle können etwas dagegen tun. Das werde ich im nächsten Kapitel beleuchten.

8. Jeder kann helfen

Ich habe ja bislang ein eher düsteres Bild unserer Gesellschaft gezeichnet. Manchmal – erzähle ich Bekannten – muss ich aufpassen, die Gesellschaft nicht für einen riesigen Sauhaufen zu halten. Ich höre so viele Geschichten über Leute, die anderen bösartig begegnen und ihnen nicht einmal das Schwarze unter den Fingernägeln gönnen. Da werden gezielt Existenzen vernichtet, ohne mit der Wimper zu zucken. Hin und wieder fällt es schon schwer, optimistisch zu bleiben.
Aber nun ist es an der Zeit, eine positivere Richtung einzuschlagen. Ich bin nämlich von einer Sache überzeugt: Jeder kann helfen! Das klingt vielleicht nach großem Pathos, aber keine Bange: Besondere Parolen werden Sie von mir an dieser Stelle nicht hören. Es geht einfach darum, dem anderen nicht völlige Gleichgültigkeit entgegen zu bringen. Bei allem Ärger und Frust über menschliche Ignoranz und egoistisches Verhalten gibt es doch auch immer wieder Erlebnisse, die mich in der Überzeugung bestärken, dass es auch anders geht. Da sind bspw. die Selbsthilfegruppen, in denen ich mich engagiere. Hier hört man sich gegenseitig zu, hier bietet man sich untereinander Hilfestellung und Unterstützung an, und zum Jahreswechsel gehen wir gemeinsam essen – ein inzwischen bewährtes Ritual, das alle genießen. Du bist nicht allein, das ist die wichtigste Botschaft in einer immer mehr zerfallenden Gesellschaft.

Die Effizienz und Vorzüge von Selbsthilfegruppen werde ich in einem gesonderten Kapitel noch ein wenig intensiver betrachten. Es gibt nämlich gute Gründe, sich doch ruhig mal in eine Gruppe zu trauen. Sie wirkt wie ein Informationsforum. Man tauscht z.B. Wissenswertes - bspw. im medizinischen und juristischen Bereich - aus. Welcher Arzt oder Anwalt kann helfen? Wie positiv kann eine Kur oder Tagesklinik wirken? Was passiert, wenn der medizinische Dienst anklopft? Welche Krankenkasse hilft mehr als sie drängelt? Was passiert nach den sechs Wochen der Entgeltfortzahlung? Bekomme ich wirklich eine Sperre, wenn ich selbst kündige? Wie wichtig ist der Rechtschutz bei einer Klage? Ich könnte dies endlos fortsetzen. Sie sehen schon, manchmal kann ein Treffen auch etwas länger dauern.
Ein Gruppenabend ist oft informativer als ein ganzes Seminar – und das Beste: Alles kommt ungefiltert, weil man sich gegenseitig vertraut. Hier gibt es keine taktischen Winkelzüge und verklausulierte Äußerungen. Jeder redet wie ihm der

Schnabel gewachsen ist. Hier wird niemand geknebelt oder zu falscher Solidarität gezwungen.
Und wissen Sie was? Es muss auch nicht nur über Arbeitsplatzprobleme gesprochen werden. Manchmal erzählt jemand einen guten Witz oder zeigt seine Urlaubsbilder. Auch das kann „therapieren", weil es die Gemeinschaft stärkt.

Eine unserer Gruppen gibt es übrigens schon seit 2003, im nächsten Jahr haben wir zehnjähriges Jubiläum - soviel zum Thema Mobbing ist neu oder lediglich in Mode. Mobbing ist ein ständiges Problem – so alt wie die Menschheit.
Ist unser zehnjähriges Bestehen nun eher ein Grund zum Feiern oder zur Sorge? Das weiß ich selbst nicht so genau. Einerseits scheint es schockierend, dass dieses Thema uns über Jahre begleitet – und sicher auch noch lange tun wird. Andererseits zeigt es, dass eine Auseinandersetzung damit und auch die Solidarisierung untereinander hilfreich sein können. Ich bin davon überzeugt, dass die Gruppe für etliche Betroffene eine wichtige Stütze bei der Alltagsbewältigung darstellt.

„The world knows nothing about it´s greatest men" sagte einst ein Lyriker. Er meint damit, dass Heldentaten und heroische Erfolge nicht auf Weltbühnen oder großen Leinwänden, sondern im kleinen Rahmen stattfinden. Den anderen ernst nehmen und unterstützen, darum geht es. Genau das kann man in Gesprächen tun. Es ist eigentlich nichts Großes – das kann jeder. Oft bedanken sich Menschen bei mir, obwohl ich aus meiner Sicht nichts Herausragendes leisten konnte.

„Doch" bekomme ich als Antwort. „Sie haben mir zugehört."

So komisch es klingt, so schlimm ist es an sich auch: Einem anderen zuzuhören, ist in unserer Gesellschaft offenbar zu einer Besonderheit geworden – ein Akt der Menschlichkeit, der an sich doch selbstverständlich sein sollte - aber offensichtlich nicht ist. Wie oft schauen wir in Wartezimmern oder Fahrstühlen aneinander vorbei? Bloß nicht erfahren wollen, wie es dem anderen geht, sich nicht mit seinen Problemen belasten! Offenbar ist dieses Verhalten inzwischen so ritualisiert, dass man überrascht ist, von einer anderen Person nach der eigenen Befindlichkeit gefragt zu werden. Was, da interessiert sich jemand für mich? So etwas zu erleben, führt zu überraschten Reaktionen. Dabei ist es ja an sich nicht schwer, aufeinander etwas Acht zu geben und zu prüfen, ob ein anderer Mensch Hilfe braucht – und sei es nur ein offenes Ohr.

Die Rockgruppe „Die Ärzte“ verweist musikalisch darauf, dass wir alle die Welt verändern können, wenn sie singen „Es ist nicht Deine Schuld, dass die Welt ist, wie sie ist. Es wär′ nur Deine Schuld, wenn sie so bleibt.“
Man muss die Ärzte und ihre Musik nicht unbedingt mögen, aber die Botschaft ist so klar wie richtig. Die Vergangenheit können wir nicht verändern, Gegenwart und Zukunft sehr wohl. Hier geht es nicht um richtungsweisende Reden auf großen Weltbühnen, sondern um das, was jeder in seinem persönlichen Umfeld tun sollte. Wir alle können für und auch gegen etwas eintreten. Wir können uns einem bestimmten Unternehmen und dessen fragwürdiger Firmenpolitik verweigern. Schlecker ist durch sein mitarbeiterfeindliches Handeln ein gutes Beispiel dafür. Hier haben viele Kunden entschieden, diese Politik nicht weiter zu unterstützen und kaufen stattdessen bei der Konkurrenz ein. Inzwischen gilt das Unternehmen als pleite und hat im wahrsten Sinne seine Quittung bekommen. Leider wurden auch viele unschuldige Mitarbeiter entlassen, das ist die Krux bei einer solchen Entwicklung.

Eigentlich wollte ich dieses Kapitel ganz anders beginnen, aber das kam nun einfach dabei raus – ein kleiner Appell an uns alle, den anderen nicht als unsichtbares Gespenst, sondern als Menschen wahrzunehmen und mutiger für das einzustehen, was einem wichtig ist.
Ich bin nämlich manchmal schon überrascht und auch schockiert, wie Menschen allein gelassen werden. Gab es da wirklich niemanden, dem man sich hätte anvertrauen können? Dabei denke ich, dass jeder von uns etwas gegen Mobbing unternehmen oder den Betroffenen zumindest unterstützen kann.
Es ist keine Schande, sich an jemanden zu wenden, „der sich damit auskennt“. Das machen Sie beim Kauf eines neuen Rasenmähers ja wahrscheinlich auch. Das eigene Wohlbefinden sollte man dann erst recht in gute Hände legen. Eine halbwegs gesunde Seele kann man nämlich nicht im Gartencenter kaufen. Wieviel sie Ihnen wert ist, entscheiden letztlich Sie allein.

Aber wer kam mir bei der Kapitelüberschrift als Helfer nun konkret in den Sinn? „Jeder“ klingt zweifellos gewagt. Nun, die Selbsthilfegruppen haben wir bereits thematisiert. Dass an Ihrem Arbeitsplatz die MAV oder der Betriebsrat für Sie

zuständig sind, ist auch nichts Neues mehr. Sicher ist es ebenso empfehlenswert, sich gewerkschaftlich zu engagieren.
Neben diesen Stützen gibt es weitere wichtige Ansprechpartner, die Sie begleiten können. Wenn es hart auf hart kommt, kann der professionelle Sachverstand eines Anwalts helfen. Es sollte ein Arbeitsrechtler sein, und er sollte Mobbing buchstabieren können. Er kann das Thema für Sie aus einer anderen Perspektive beleuchten und Ratschläge geben. Darüber hinaus gibt es gute Kliniken und medizinisches Fachpersonal.
Während man früher kritisch beäugt oder gar ein „Dachschaden“ vermutet wurde, wenn man sich an einen Psychologen wandte, ist diesbezüglich heute eine ganz andere Akzeptanz gegeben. Selbstverständlich sollte auch der Hausarzt in Ihre Situation eingeweiht werden. Dieser kann dann weitere Schritte einleiten und Sie ggf. an einen Therapeuten verweisen. Auch für Menschen mit einem Behinderungsgrad gibt es Hilfe. Hier unterstützt der Integrationsfachdienst und berät hinsichtlich eines „leidensgerechten“ Arbeitsplatzes, der Ihren Gesundheitszustand berücksichtigt und einen gewissen Kündigungsschutz bietet. Außerdem muss der Integrationsfachdienst von Ihrem Arbeitgeber über bestimmte Vorgänge informiert werden.

Diejenigen, die den persönlichen Kontakt mit Ansprechpartnern scheuen, können auf Hilfe im Netz bauen. Das Internet ist inzwischen ein Sammelsurium an Quellen zum Mobbingthema geworden – nicht nur für Erwachsene, sondern auch für gemobbte Kinder. Ich möchte Sie also ermutigen, Hilfe zu suchen und anzunehmen. Sie haben nichts zu verlieren. Tun Sie etwas für sich – je früher, desto besser.

Nun haben wir auf Fachleute verwiesen, die mit dem Thema vertraut sind. Klar, die sollten ja auch wissen, wie es geht.
„Aber was soll ich denn als Normalsterblicher tun? Ich kenn´ mich doch gar nicht aus“ werden einige von Ihnen jetzt vielleicht denken. Was hinsichtlich einer spezifischen Schulung für Mobbingkonflikte stimmen mag, entbindet niemanden von seiner Pflicht, nicht tatenlos bei der Vernichtung eines anderen Menschen zuzuschauen.

Jeder kann helfen – und das meine ich so, wie ich es schreibe. Der Einfluss des Betriebsratsvorsitzenden mag hierbei größer sein als der des Auszubildenden, aber auch dieser kann den Gemobbten unterstützen. Gegen eine mobbende Horde vorzugehen, ist sicher nicht einfach. Das fordere ich aber auch nicht ein. Es geht mir vielmehr darum, den Betroffenen nicht allein zu lassen. Ich glaube jeder von uns fürchtet den Zustand, in einer bestimmten Lebenssituation oder im Alter einsam und verlassen zu sein. Wir würden uns wünschen, dass sich jemand für uns interessiert und uns nicht einfach unserem Schicksal überlässt. Warum aber muten wir genau das so vielen Gemobbten zu? Sind wir wirklich so unsozial (geworden)?

Zurück zu unserem Azubi, der Zeuge des Mobbings wird: Was könnte er tun? Aufstehen und sich gegen die „Mobberlawine" stemmen? Das wäre wohl unrealistisch und zugleich gefährlich. Aber er kann sich mit dem Gepeinigten zusammensetzen und sich einmal seine Sicht der Dinge zu Gemüte führen – schlicht und einfach Chancengleichheit herstellen, indem man sich beide Seiten der Medaille anhört. Womöglich ist der Gemobbte ja gar nicht so bekloppt, wie alle immer behaupten. Vielleicht hat er ja sogar ganz vernünftige Ansichten und ist Opfer von Verleumdung. Es wäre doch das Mindeste, sich auch seine Sichtweise anzuhören.

Dann darf man immer noch entscheiden, ob man sich für denjenigen einsetzt – und auch hier gibt es wieder unterschiedliche Möglichkeiten. Man könnte beispielsweise Bücher oder Internetquellen zum Thema empfehlen. Wenn man weiterreichend helfen will, kann man Selbsthilfegruppen recherchieren und den Betroffenen – wie bereits berichtet – vielleicht sogar dorthin begleiten. Dies öffnet die Augen für die mitunter dramatischen Folgen des viel zitierten Psychoterrors.

Betrachten wir die Führungskraft – die Chefs kommen in unseren Gruppengesprächen leider meistens gar nicht gut weg und kriegen vom „Peter-Prinzip" bis hin zum „Wer glaubt, dass Führungskräfte führen, der glaubt auch, dass Zitronenfalter Zitronen falten" gehörig ihr Fett ab. Ich möchte es an dieser Stelle aber ohne Polemik versuchen. Es steht zweifellos fest, dass der Chef bzgl. des richtigen Umgangs mit dem Thema eine große Verantwortung trägt. Das fängt bei der Prävention an, und gilt natürlich auch für den Fall, dass Mobbing bereits stattgefunden hat. Hier geht es um eine klare Position, dass man Mobbing nicht duldet und perspektivisch mit dem Thema bewusster und konsequenter umgeht. Diesbezüglich hat niemand einen größeren Einfluss als der Arbeitgeber selbst. Wie dies geschehen kann, haben wir vor allem bei der Mobbingprävention intensiv beleuchtet.

Wer kann noch helfen und ist gefordert, etwas zu unternehmen? Bringen wir doch einmal die Politik ins Spiel: Warum schafft man nicht mutigere Richtlinien gegen Mobbing? In anderen Ländern geht es doch auch.

„Es gibt dennoch genügend gesetzliche Grundlagen, um gegen Mobbing vorzugehen“ wurde unserer Selbsthilfegruppe vor einigen Jahren geantwortet, nachdem wir den Petitionsausschuss der Bundesregierung auf die Sinnhaftigkeit eines Anti-Mobbing-Gesetzes hingewiesen hatten. Ich bin hingegen nach wie vor der Meinung, dass durch eine andere Rechtslage eine deutlich bessere Basis gegen Mobbing geschaffen werden könnte und sollte.

„Spinnen“ wir weiter: Wer könnte noch einen erheblichen Beitrag im Kampf gegen Mobbing leisten? Mir kämen da die Schulen in den Sinn. Warum baut man Mobbing nicht thematisch in den Schulalltag ein, um ein Bewusstsein für den richtigen Umgang damit zu schaffen? Hier gibt es sicher Möglichkeiten, es in bestimmte Unterrichtsfächer (bspw. Sozialwissenschaften) zu integrieren oder in Form von Seminaren zu behandeln. Schulen, die selbst immer häufiger mit dem Thema konfrontiert werden, kommt also eine große Verantwortung zu, dieses gleich anzupacken und nicht so lange zu warten, wie das viele Unternehmen leider tun. Währet den Anfängen gilt wohl nirgendwo so deutlich wie hier.
Auch die Medien sind entscheidend gefordert. Hier kann man über Mobbing aufklären und einen vernünftigen Umgang damit entscheidend voranbringen. Ich erkenne durchaus zarte Signale in die richtige Richtung, wenn in Diskussionssendungen nicht mehr nur kühl kalkulierende Manager, sondern ab und an auch Betroffene zu Wort kommen und von ihrer Leidensgeschichte erzählen. Auch ich erhalte hin und wieder Einladungen, um mich zum Thema zu äußern. Es sind kleine Schritte, aber nur so kann ein Bewusstsein für das Ausmaß dieser Verachtung geschaffen werden.

Letztlich muss jeder Mensch selbst den Weg aus seiner ganz persönlichen Krise finden, aber natürlich sind auch die Familie und das persönliche Umfeld gefordert, den Betroffenen hierbei zu unterstützen. Dies kann man auf unterschiedliche Weise tun – sei es durch einfaches Zuhören oder gemeinsame Unternehmungen.

Ein Mobbingbetroffener hat mir einmal den Satz „auch ein leises Glöckchen wird gehört“

mit auf den Weg gegeben – es war die Lebensmaxime seiner Mutter. Sie meinte damit, dass jeder von uns – auch im kleinen Rahmen – auf Unrecht hinweisen kann, anstatt wegzuschauen. Einer allein kann vielleicht nicht soviel bewirken, aber wenn man sich mit anderen zusammentut, wird womöglich ein kleines Konzert daraus. Lassen Sie uns also gemeinsam gegen Mobbing läuten.

Wir alle können helfen. Ob mit Hilfe lautstarker Glocken oder doch lieber durch stilles Zuhören, ist Ihre Entscheidung.

9. Was können Selbsthilfegruppen leisten?

Ich kann mir schon vorstellen, was einige von Ihnen denken. Der eine oder andere hat womöglich noch nie so richtig über seine Ängste gesprochen und kann sich nur schwerlich vorstellen, das jetzt auch noch in einer Gruppe tun – vor wildfremden Menschen, die man gar nicht kennt.

Ich hoffe, dass dieses Buch Ihnen ein wenig helfen kann, aber es ersetzt nicht das Gespräch mit anderen Betroffenen. Hier können Sie ganz andere Erfahrungen machen, die Sie unter Umständen entscheidend weiterbringen.
Ihre Bedenken sind indes verständlich. Es ist ja gerade die eigene Verletzlichkeit, die Ihnen zu schaffen macht und nun sollen Sie plötzlich offen darüber reden und sich damit noch angreifbarer machen? Was, wenn man mich auch in dieser Gruppe nicht versteht und meine Sorgen klein redet?
Nun, ich verlange von Ihnen nicht, im Hurrastil in eine Gruppe zu stürmen und dort freudig „die Hosen runterzulassen". Natürlich ist es sinnvoll, sich vorher selbst mit einigen Punkten auseinanderzusetzen: Bin ich überhaupt der Typ für eine Selbsthilfegruppe? Welche Erwartungen habe ich? Wie gehe ich mit den Problemen der anderen Mitglieder um?
Wenn Sie mit den Sorgen anderer Menschen emotional überfordert sind, ist eine Gruppe vielleicht nicht die richtige Wahl. Aber was haben Sie zu verlieren? Niemand zwingt Sie, dort dauerhaft zu verbleiben. Einen Versuch ist es sicher wert, denn letztlich bietet eine Gruppe vieles, das Sie trotz eventueller Bedenken weiterbringen wird. So stellt sie eine ideale Informationsquelle dar und bietet auch noch wichtigen sozialen Rückhalt.

Die Betonung liegt aber neben der sozialen Komponente auch immer auf dem „Selbst" – die Gruppe hilft einem dabei, sich selbst zu helfen. Sie kann auch dazu beitragen, das Selbstwertgefühl wieder aufzubauen. Dieses wichtige Gefühl hat nämlich durch das Mobbinggeschehen meist schwer gelitten. Die täglichen Anfeindungen, das regelmäßige Herabsetzen der eigenen Fähigkeiten – das hinterlässt früher oder später Spuren, und irgendwann glauben Sie den Gegnern, die Ihre Fähigkeiten anzweifeln.
Hier kann eine Gruppe gegensteuern, indem sie die richtigen Signale setzt. Du bist okay, und Du leistest einen wichtigen Beitrag. Der kann darin bestehen, dass man seine Meinung sagt oder eine Empfehlung ausspricht; das Zuhören kann aber genauso wichtig sein. Jeder hat seinen Wert und ist wichtig für die

Gemeinschaft. Das ist ein entscheidendes Erfolgserlebnis auf dem Weg zurück in ein selbstbestimmtes Leben.

Welche Kraft von einer solchen Gemeinschaft ausgehen kann, zeigt die Zunahme dieser Initiativen. So wird die Zahl der Selbsthilfegruppen in Deutschland auf 70.000-100.000 geschätzt. Etwa jeder zehnte Erwachsene hat schon einmal an einem Gruppentreffen teilgenommen. Das Ziel ist letztlich immer das Gleiche: Man versucht gemeinsam, die Verbesserung der Lebenssituation anzustreben. Eine Selbsthilfegruppe informiert hierbei über Hintergründe und Folgen einer Erkrankung, um für den richtigen Umgang damit zu sensibilisieren. Viele Gruppen verbindet also das identische Vorhaben. Die entsprechende Umsetzung kann hierbei jedoch gänzlich unterschiedlich sein. So gibt es Gruppen, die sehr defensiv auftreten und nahezu anonym sind; andere wiederum leisten gezielte Öffentlichkeitsarbeit und laden Experten ein.

In einer Mobbing-Selbsthilfegruppe sind diese Fragestellungen besonders vorsichtig zu behandeln, da Mitglieder bspw. Gerichtsprozesse führen und der Schutz der Betroffenen daher besonders wichtig ist. Speziell in einer Mobbing-Selbsthilfegruppe kann auch die Fluktuation sehr hoch sein, da Mobbing i.d.R. ein temporäres Problem darstellt. Die Mitglieder suchen in ihrer gegenwärtigen Lage Unterstützung und gehen unter Umständen wieder, wenn sie das Gefühl haben, ihr Problem nun bewältigen zu können. Die Gruppe kann also Starthilfe geben und ein Stück weit begleiten, lösen muss jeder Betroffene sein Problem jedoch für sich persönlich. Eine Gruppe zum Thema Mobbing ist thematisch nicht unbedingt darauf ausgerichtet, dass die Mitglieder lange darin verbleiben. Wenn einige sich schnell wieder verabschieden, muss dies also nicht gegen die Gruppe sprechen, sondern kann auch auf eine effektive Gruppenarbeit verweisen. Eine solidarische Gruppe zeichnet sich hingegen auch dadurch aus, dass Mitglieder nach der Lösung des eigenen Problems in der Gemeinschaft verbleiben, um ihre Erfahrungen an andere akut Betroffene weiterzugeben. Diese Erfahrung mache ich in „meinen" Gruppen und empfinde dies als große Stärkung für die anderen Teilnehmer.

Während einige Gruppen ihre Treffen nach einem festen Regelwerk gestalten, sind wir in den Abläufen nicht so festgelegt. Wichtig ist, dass eine angenehme Atmosphäre herrscht. Im Idealfall kann man den Abend sowohl informativ als auch entspannend gestalten. Bei uns sorgen Knabberzeug und der Austausch privater Worte für eine entspannte Stimmung. So muss jede Gemeinschaft also im Lauf der Zeit eine eigene Identität entwickeln. Die Frage nach geeigneten Rahmenbedingungen stellt sich jedoch für alle in ähnlichem Maße:

Wann und wo trifft sich die Gruppe?
Wie regelmäßig setzt man sich zusammen?
Gibt es eine Begrenzung hinsichtlich der Teilnehmerzahl?
Gibt es einen Gruppenleiter, der die Treffen organisiert oder wechseln Leitung und Gesprächsführung?

Man könnte diese Reihe problemlos fortsetzen. Sie erkennen also schon, dass es gar nicht so einfach ist, „alles unter einen Hut zu bekommen". Insbesondere in der Gründungsphase müssen daher einige Weichen gestellt werden.
Bezüglich der Räumlichkeiten wäre eine neutrale Lokalität zu empfehlen; ein Treffen bei einem Gruppenmitglied zu Hause ist wenig ratsam. Hiermit wäre eine zu große Erwartungshaltung und Gastgeberrolle verbunden. Wie wäre es mit einem Vereinsheim oder einer Bibliothek?
Für uns hat sich ein 14tägiger Rhythmus am Abend bewährt. Dies gilt für eine Gruppe am Donnerstag und für die andere freitags – so hat man den Großteil der Arbeitswoche bereits hinter sich und kann seine Erlebnisse gemeinsam verarbeiten, um anschließend in ein hoffentlich entspannteres Wochenende zu starten.

Regelmäßige Gruppentreffen mit 50 Mitgliedern würden jede vernünftige Zusammenkunft sprengen. Früher oder später muss also unter Umständen ein Annahmestopp „verhängt" werden, um entsprechend arbeiten zu können. Wie man dies kommuniziert, ist eine andere Frage.

Auch hinsichtlich der Position des Gruppenleiters gibt es unterschiedliche Herangehensweisen. Benennt man einen permanenten Leiter, so herrscht sicherlich eine größere Kontinuität und Verlässlichkeit. Andererseits könnte es auch mal langweilig werden. Ist ein Trainer zu lange bei einem Fußballverein, setzt meist irgendwann eine Sättigung ein, weil die Spieler seine Methoden schließlich genau kennen. Ähnlich könnte es auch einer Selbsthilfegruppe ergehen. Probleme entstehen unter Umständen auch durch eine Erkrankung oder den möglichen Rückzug des Leiters. Dann steht die Gruppe orientierungslos da und muss sich erst neu finden. Es ist jedoch erfahrungsgemäß nicht so einfach, eine wechselnde Leitung zu etablieren. Außerdem liegt eine Moderation nicht allen gleich gut.

Letztlich bleibt es also häufig bei einem Verantwortlichen, der durch den Abend führt.

Wie auch immer Sie Ihr ganz persönliches Gruppenengagement gestalten – springen Sie doch einfach mal ins kalte Wasser und erleben Sie, welche Kraft von einem intakten Kollektiv ausgehen kann. Der gemeinsame Austausch, das Geben und Nehmen stellt hierbei für viele Mitglieder ein wertvolles Erfolgserlebnis dar und eröffnet oftmals völlig neue Perspektiven.

Unter www.Selbsthilfenetz.de finden Sie übrigens Informationen über zahlreiche Selbsthilfegruppen in Deutschland.

10. Mobbing und Burnout

Gut ist gut genug!

Komische Einleitung für ein Kapitel zum Thema Burnout? Mag sein, aber der gesellschaftliche und berufliche Wahn, es immer besser zu machen, immer weiter zu streben und Eliten zu züchten, macht viele Menschen kaputt. Ich habe mich kürzlich noch mit einer Freundin darüber unterhalten. Sie hat hinterfragt, warum es in der Schule überhaupt die Note „sehr gut" geben muss. Mal abgesehen davon, dass mein Vater als ehemaliger Grundschullehrer viel lieber das schnellere und bequemere „gut" auf Zeugnissen geschrieben hat, stelle ich mir in der Tat die Frage, warum man schon kleineren Kindern das elitäre Denken mit auf den Weg geben muss.
Wenn jemand seine Sache gut macht, sollte das ihn selbst und die Menschen um ihn herum zufrieden stellen (dürfen). Wozu das Streben nach dem ultimativen Erfolg führen kann, sehen wir regelmäßig, wenn Menschen an einer übertriebenen Erwartungshaltung zerbrechen. Das kann man schon sprichwörtlich erfassen, wenn nach „Superstars" oder „Topmodeln" gefahndet wird. Natürlich sind diese Titel eher plakativ zu verstehen, aber der Druck, möglichst perfekt zu sein, ist bereits inbegriffen. Dazu gehört dann auch, dass der kleinste Fehltritt auf dem Laufsteg oder ein nicht exakt getroffener Ton teils harsche Kritik nach sich zieht.

Hier sind Mobbing und Burnout eng miteinander verzahnt, da es bspw. mobbenden Arbeitgebern nicht fremd ist, den Druck so weit zu erhöhen, bis Sie wie im Hamsterrad immer schneller laufen. Kritik will man schließlich nicht auf sich sitzen lassen. So versucht man, die Vorwürfe durch übertriebenen Ehrgeiz zu entkräften und es ist eine perfide Tatsache, dass gemobbte Mitarbeiter zunächst meist mehr leisten. Dass es danach jedoch in einer fatalen Abwärtsspirale rasch zum Kollaps kommt, liegt auf der Hand. So ergeht es auch einem Auto, das zu lange im höchsten Gang fährt.
Ein Betroffener erzählte mir kürzlich von einem Gespräch mit seinem Chef. Dieser habe ihm vorgeworfen, nicht mehr so schnell und belastbar zu sein wie früher. Der Mitarbeiter habe den Vorgesetzten daraufhin gefragt, ob er noch sein erstes Auto fahre. Als der Chef dies mit der Begründung, es sei kaputt, verneinte, fragte ihn der Mitarbeiter, ob er sich vorstellen könne, dass es mit dem menschlichen Körper ähnlich sei. Daraufhin habe sein Vorgesetzter geschwie-

gen. Möglicherweise ist diese Führungskraft ein wenig ins Grübeln geraten, wollen wir das mal hoffen.

Wie sehen Sie sich selbst in dieser Mühle? Als Wagen mit Motorschaden, als ausgetrockneter Schwamm oder ausgesaugt wie das blutleere Opfer des Vampirs? Egal, welche Assoziation am besten zu Ihnen passt – Sie können sicher sein, dass es vielen Menschen ähnlich ergeht. Was dann mit Ihnen geschieht, ist dem Mobber ziemlich egal. Der Mohr hat seine Schuldigkeit getan und Ihr Gegner hat Sie längst auf seine emotionale Müllkippe befördert.

Schauen Sie sich Kinder an, deren Schultaschen beinahe größer sind als sie selbst. Ich kann mich auch daran erinnern, als Schüler geseufzt zu haben, als ich mit Atlas, Mathe-, Englisch- und Deutschbuch im Rücken den Schulweg antreten musste. Mein Neffe hat mit 13 Jahren bereits Rückenschmerzen. Dabei haben Schüler heute vielleicht nicht unbedingt größere physische Lasten zu stemmen, dafür erhöht sich der Leistungsdruck immer mehr. Hierzu trägt auch die G 12 Straffung bei. Der Burnout wird also bereits im Kindesalter eingeleitet.

Kennen Sie Sendungen, in denen Ernährungsberater Tipps geben, wie man zumindest ernährungstechnisch am besten durchs Leben kommt? Sie verweisen z.B. darauf, dass man täglich frisches Obst essen soll, um genügend Calcium und Vitamin C zu bekommen. Eine Tasse grüner Tee soll es sein, um gegen das Cholesterin im Körper anzugehen; mindestens zwei Liter Wasser täglich müssten auch noch folgen. Dann gibt es schließlich noch den Verweis auf einen Becher Yoghurt, um die guten Bakterien im Magen zu vermehren.
Alkohol – hm, zuviel davon ist schädlich, zuwenig aber auch – oder? Warum empfehlen Mediziner sonst ein Glas Rotwein, das dem Herzinfarkt vorbeugen soll? Weißwein sei gut fürs Nervenkostüm, Bier soll auch bei irgendwas helfen - alle Getränke zusammen können wiederum verheerend wirken.
Nüsse sollen gesund sein, wenn man sie denn verträgt. Bohnen und Erbsen werden auch empfohlen. Selber kochen ist natürlich immer besser als der Griff zur Konserve. Dabei nie vergessen: Möglichst viele kleine Mahlzeiten und möglichst lange kauen!
Jetzt kommen die Zahnärzte ins Spiel: Sie empfehlen, nach jeder Mahlzeit die Zähne zu putzen, weil sonst die Säure des Apfels oder die Joghurtbakterien irgendwas anrichten. Zähneputzen allein reicht natürlich nicht – jedenfalls nicht mit einer herkömmlichen Bürste. Es sollte unbedingt eine elektrische sein und

ordnungsgemäß sauber wird es nur, wenn man Zahnseide benutzt (ob man da auch noch was Spezielles beachten muss, ist mir bislang nicht bekannt). Krönen muss man das Ganze natürlich mit dem richtigen Mundwasser.

Zuviel Fernsehen ist nicht gut, zu wenig aber auch nicht. Man muss schließlich mitreden können, wenn es um eine Wahl oder sonstige gesellschaftliche Ereignisse geht. Sonst ist man „out“. Weil im Fernsehen aber auch viel Mist läuft, sollte man lieber zur Zeitung greifen, um sich zu bilden und eine kritische Haltung zu entwickeln.
Soziologen verweisen darauf, dass man auch regelmäßig Zeit mit seinen Freunden verbringen sollte; Freundschaften muss man schließlich pflegen. Damit die Partnerschaft nicht langweilig wird, hat man natürlich auch kreativ zu sein und immer neue Impulse zu setzen.

Stimmt, es gibt ja noch Eltern, Kinder und Geschwister. Die Haustiere darf man auch nicht vergessen. Mit dem Hund sollte man mindestens zweimal täglich raus. Hin und wieder muss man auch die Wohnung putzen, Staubsaugen, waschen, spülen und bügeln. Eine Freundin spricht gern von „spügeln“, weil sie wenn möglich beides irgendwie kombiniert.
Wichtig ist der tägliche Spaziergang – wenigstens eine halbe Stunde, eher depressiven Menschen werden mindestens zwei Stunden Tageslicht empfohlen.
Modisch sollte man natürlich auch „up to date“ sein, ansonsten sind die Klamotten ein „No Go“ wie es heute heißt, und man ist ein Loser.

Ich könnte diese Liste beliebig fortführen. Multiplizieren Sie diesen ganzen Stress mit den Erwartungen, die Skatbrüder, Facebookfreunde und Großtanten an uns haben, und wir laufen auf dem Zahnfleisch. Das bringt uns dann wiederum den Besuch beim Zahnarzt ein, womit sich der Kreis schließt.
Ach ja, ist Ihnen bei diesem nicht ganz ernst gemeinten Ausritt in die wunderbare Welt der gesellschaftlichen Wünsche und Empfehlungen etwas aufgefallen? Über die Arbeit haben wir noch gar nicht gesprochen. Da kommen ja noch etwa acht Stunden täglich hinzu. Ist man krank, hat man an seiner Genesung zu „arbeiten“. Das kann genauso anstrengend sein und ist mit Wartezeit auf den Arzt verbunden - schon wieder fehlt uns wertvolle Zeit. Der 24 Stunden Tag, der ja auch noch ein paar Stunden Schlaf beinhalten sollte, ist längst gesprengt. Vielleicht kämen wir mit 35 Stunden hin, um alles zu bewältigen, was so an uns herangetragen wird.

Und bis jetzt ist von Mobbing und bösartigen Mitmenschen, die uns das Leben schwer machen, noch gar keine Rede. Also selbst wenn alles einigermaßen glatt läuft, bewegen wir uns schon an der Grenze des Belastbaren. Wieviel Zeit und Energie beim Mobbing verloren geht – und zwar sowohl beim Fallen legenden Mobber als auch beim sich verzweifelt um Selbstschutz bemühten Opfer – kann man unmöglich in zwei Sätzen zusammenfassen. Das Zusammenkehren des zerbrochenen Porzellans braucht dann schließlich auch noch seine Zeit.

Aber was passiert nun konkret, wenn wir von einem Burnout sprechen? Und wo liegen die Parallelen zu den Geschehnissen beim Mobbing? Von Burnout ist die Rede, wenn jemand durch ständige Überbeanspruchung erschöpft ist und schließlich innerlich wie körperlich ausbrennt. Es fehlt die Kraft, um selbst einfachste Aufgaben zu meistern – auch wenn man zu diesem Zeitpunkt keinen besonders großen Strapazen ausgesetzt ist.
Ursächlich hierfür sind schlechte Arbeits- und Lebensbedingungen. Hier ist eine klare Parallele zu Mobbingverläufen gegeben. Man sollte nicht ausschließlich die Geschehnisse am Arbeitsplatz betrachten. Oftmals wirkt eine Kombination äußerer und persönlicher Faktoren sowohl Mobbing- als auch Burnout fördernd. So sind wir alle – wie bereits skizziert – zunehmend größeren gesellschaftlichen und beruflichen Anforderungen ausgesetzt.
Wie man damit zurecht kommt, hängt vom persönlichen Bewältigungsvermögen ab. So hat jeder von uns psychosoziale Stärken und Schwächen, die uns unter Umständen im Bereich des persönlichen beruflichen und sozialen Engagements helfen, andererseits jedoch schnell zu Überforderung führen können.

Soll heißen: Bin ich ein Mensch, der auch über den eigenen Tellerrand hinausschaut und sich um andere bemüht, zeichne ich mich zwar durch soziale Kompetenz und Hilfsbereitschaft aus, schwebe jedoch in größerer Gefahr, mir zuviel „aufzuladen“. Deshalb brennen Menschen in klassischen Helferberufen häufiger aus, da ihnen die Erfolgserlebnisse fehlen. Eine Pflegekraft weiß z.B. genau, dass sie nur notdürftig helfen und versorgen kann, da der Pflegeplan sie enorm unter Druck setzt. Dann wird der Zeitdruck womöglich noch mit einem schlechten Gewissen kombiniert, weil man den kranken Menschen nach ein paar Minuten Zuwendung wieder allein seinem Schicksal überlassen muss. Hier ist der Burnout früher oder später fast schon vorprogrammiert.
Ein Arzt, der permanent mit dem Leid anderer konfrontiert wird, zieht aus einer geglückten Operation auch schwerlich genügend Kraft, wenn er weiß, dass er

seinem nächsten Patienten nicht helfen kann. Jedenfalls wird er häufiger in Burnoutgefahr schweben als ein Handwerker, der das Ergebnis seiner Arbeit anfassen und immer wieder begutachten kann. Auch Lehrer brennen häufiger aus, da sie bspw. an den beruflichen Perspektiven ihrer Schüler zweifeln und nicht sicher sind, ob man wirklich die richtigen Grundlagen für eine erfolgreiche Zukunft schaffen konnte. Daher ist insbesondere in den klassischen Helferberufen eine gewisse Abgrenzung wichtig, um sich selbst zu schützen.

Bin ich ein Egoist und stets auf meinen eigenen Vorteil bedacht, ist die Überlastungsgefahr eher gering. Auch beim Mobbing trifft es i.d.R. die gewissenhaften Mitarbeiter, die etwas leisten wollen. Dies machen sich Mobber zunutze, wenn sie den Betroffenen mit Ignoranz, Arbeitsentzug oder schlicht der Zuweisung sinnleerer Aufgaben strafen.

Häufig schlagen Arbeitsplatzkonflikte erst dann voll durch, wenn auch privat Ressourcen fehlen. Das weiß der Mobber natürlich, und deshalb wird er über Ihre Ehekrise genauso erfreut sein wie über ein gescheitertes berufliches Projekt. Er weiß daraus Nutzen zu ziehen. Insofern ist ein intaktes privates Umfeld mit die wichtigste präventive Stütze für jeden von uns, um am Mobbing eben nicht zu zerbrechen oder auszubrennen.
Sie erinnern sich noch an unser Gleichgewichtsmodell? In diesem Zusammenhang können wir erneut darauf verweisen. Bleibt unser Leben einigermaßen in der Balance, ist das Burnoutrisiko eher gering. Kippt die Waage auf einer Seite, bekommen wir ein Problem. Dann verlässt uns allmählich die Kraft, und unter Umständen erlischt unser Feuer auf beiden Seiten.

Burnout wird durch zu hohe Erwartungen und Unklarheiten in den hierarchischen Strukturen gefördert. Unzureichende Unterstützung durch Vorgesetzte und eine schlechte Kommunikation der Beteiligten sind weitere Risikofaktoren. Das alles fördert ein schlechtes Betriebsklima und löst Ängste aus. Diese geschilderten Prozesse kann man quasi eins zu eins auch auf die Entwicklungsstadien von Mobbingkonflikten übertragen.
Schwerwiegend wirkt auch die Diskrepanz zwischen einem hohen persönlichen Einsatzwillen und dem oft enttäuschenden Arbeitsalltag. Wenn alle Bemühungen scheitern und Ideen nicht umsetzbar sind, schmerzt das sehr. Ob es lediglich an den starren Strukturen einer Organisation oder boykottierenden Kollegen und Vorgesetzten liegt, ist dabei gar nicht so entscheidend.

Es ist vor allem das Gefühl, nichts bewirken zu können und mit dem eigenen Engagement ins Leere zu laufen. Wirtschaftswissenschaftler würden als verheerend bezeichnen, wenn der Ertrag in keinem Verhältnis zum Einsatz steht. Man fühlt sich wie Sisyphus, der einer griechischen Sage zufolge den Felsblock einen steilen Hang hinaufrollen musste. Kurz bevor er das Ende des Hangs erreichte, entglitt ihm der Stein und er musste wieder von vorne anfangen. Dass eine derartige nach ihm benannte und heute als „Sisyphus-Arbeit" bezeichnete Aufgabe irgendwann zu vollkommener Ernüchterung führen muss, liegt auf der Hand. Dann setzt früher oder später oft eine gespenstische Leere ein, die man nur schwerlich wieder vertreiben kann.

In der letzten Zeit sitzen immer häufiger Menschen mit diesem beinahe toten Gesichtsausdruck vor mir - Menschen, die einfach ausgelaugt sind. Es ist kein schöner Anblick, in diese Augen zu schauen und oftmals passt das Ganze so gar nicht zum eigentlichen Erscheinungsbild, wenn da ein junger durchaus attraktiver Mensch sitzt – jemand, für den das Leben eigentlich Besseres vorhaben sollte. Aber ein positives Lebensgefühl fehlt bei einigen Betroffenen gänzlich. Nicht immer ist Mobbing dafür verantwortlich. Da Probleme sich oft magnetisch anziehen (testet das Leben uns nicht alle manchmal, indem es uns in einer beruflichen Krise auch noch ein familiäres Problem vorsetzt?), ist es nicht immer leicht, den eigentlichen Problemherd zu benennen. Oftmals ist aber ein Berufsleben im höchsten Gang dafür verantwortlich, dass irgendwann der Motor platzt und mitunter einen Totalschaden verursacht.

11. Gefangen im Mobbing

Ich möchte an dieser Stelle skizzieren, wie gefangen viele Mobbingopfer sind. Er sei wie ein Aussätziger behandelt worden, schilderte mir ein Betroffener. Ein anderer sprach davon, dass er sich wie in einem Käfig gefühlt habe – in einem Gefängnis, aus dem es für ihn kein Entrinnen mehr gab. So hat er es jedenfalls empfunden. Nicht mal Besuch habe er bekommen in seinem sozialen Kerker. Nur die Mobber schauten immer wieder vorbei, um ihm das Leben aufs Neue zu erschweren. Er habe sich oftmals so schrecklich allein gefühlt, dass es unglaublich schwer fiel, nicht die Hoffnung zu verlieren.
Freunde – ja, mit denen konnte er Bowling und Billard spielen, aber nicht nur beim Geld - auch beim Mobbing hört offenbar die Freundschaft auf. Der eine oder andere hätte mal gefragt, was mit ihm los sei. Er wirke so fahrig und unkonzentriert. Nur wenigen habe er von seinen Sorgen erzählt – davon, dass er von Kolleginnen gemobbt werde. Da seien schnell die Scheuklappen gefallen. Ein Kerl lässt sich von Frauen fertig machen? Dann hau´ halt mal mit der Faust auf den Tisch! Also ich würde mir das nicht gefallen lassen! So waren die Gespräche schnell beendet und wieder ein Stück Hoffnung gestorben.

Vor ein paar Jahren kam ein 60jähriger Mann zu mir und berichtete, wie er unter seiner 30jährigen Vorgesetzten leide – wie sie ihn täglich erniedrige, indem sie seine Toilettenpausen dokumentiere. Aufgrund von Problemen mit der Prostata müsse er häufiger auf die Toilette und jeder Besuch des stillen Örtchens käme einem Gnadengesuch gleich. Die Vorgesetzte bestand darauf, dass der Mann, der ihr Vater hätte sein können, sich immer wieder aufs Neue den Schlüssel bei ihr abholen musste. Es diene der besseren Kontrolle, aber letztlich war es vor allem eine perfide Machtdemonstration, die beim puren Nachdenken Gänsehaut auslöst. Das Leben und die Phantasie der Schikane schlagen manchen Filmschocker um Längen.

Wie geht es also einem Menschen, der jeden Tag in einen Kampf gezerrt wird, den er nicht gewinnen kann? Immer wieder habe sie ihm diese demütigende Prozedur aufgezwungen – und immer wieder habe er sich an ihren Spieltisch gesetzt. Am Ende war sie stets siegreich. Wie hätte er sie auch schlagen sollen? Er hatte eigentlich nie eine Chance.
Dann erzählte er noch, wie lange er gebraucht habe, um neuen Mut zu schöpfen und wie schwer es gewesen sei, wieder ein Stück Würde zurückzugewinnen. Er

erzählte dies unter Tränen. Es folgte schließlich die „Beichte", dass er durch das Erlebte häufig zum Alkohol gegriffen habe. Leider können Sorgen schwimmen – und zwar viel besser als Sie und ich. Manches Problem überlebt gar eine Jahrhundertflut. Also sparen Sie sich den Versuch, Ihr Mobbingschicksal mit dem hundertsten Schnaps endlich zu ertränken.

Ein anderer Betroffener sprach exemplarisch von einem immerwährenden Tischtennisspiel, zu dem er gezwungen wurde. Die Gegner greifen ihn mit teils wuchtigen Schmetterbällen an, und er müsse diese irgendwie returnieren, um nicht von der Platte geschossen zu werden.

Kennen Sie das Gefühl, als einziger Weißer unter Farbigen zu sein? Das gegenteilige Beispiel wird umgangssprachlich häufiger bemüht, wenn man vom „schwarzen Schaf" spricht. Es ist hierbei egal, ob Sie der Weiße unter Farbigen oder der Farbige unter Weißen sind. Es geht um das Gefühl, Außenseiter zu sein und so verflucht allein dazustehen. Nun kann man sich in einer solchen Situation vielleicht noch mit Hängen und Würgen verständigen. Möglicherweise haben Sie Glück, und man versucht zumindest Sie zu verstehen.
Diese Hoffnung können Sie in einem fortgeschrittenen Mobbingstadium, in dem die Absicht eine ganz eindeutige ist, schnell begraben. Man hat Sie gebrandmarkt – sei es als Kameradenschwein, Ehebrecher oder berufliche Niete, die im Losverfahren nun in diesem Unternehmen gelandet ist. Sie sind jedenfalls das schwarze Schaf und wissen oftmals gar nicht warum. Sie erfahren es zuletzt - wenn überhaupt. Sie spüren, dass etwas nicht stimmt, dass sich atmosphärisch etwas verändert. Aber was verflucht nochmal Sie angeblich falsch gemacht haben, das erfahren Sie nicht. Auf Nachfragen gibt es ein ignorantes Schulterzucken und den Hinweis, man solle sich doch nichts einbilden. Sie fühlen sich wie in einem verzwickten Irrgarten – und niemand hilft Ihnen dabei, den Ausweg zu finden.
Haben Sie etwa eine ansteckende Krankheit? Manchmal kommt es Ihnen so vor. Einem Schüler wurde es von seinen „Klassenkameraden" genau so mitgeteilt.

„Vorsicht – Ansteckungsgefahr, Alexander kommt ..."

Es folgten Hinweise, dass zwischen der Mülltonne und Alexander eine gewisse Ähnlichkeit, gar familiäre Bindungen bestehen könnten. Der Schüler beschrieb eindrucksvoll, wie er zunächst immer einsamer und später zunehmend aggressiver wurde. Erst ein Schulwechsel erlöste ihn. Das ist übrigens ein Aspekt, der mich nach wie vor wütend und betroffen macht, denn meist gehen die Opfer und die Täter bleiben. Da ist es nur eine Frage der Zeit, bis es zu neuen Übergriffen kommt, bis das nächste schwarze Schaf gesucht und schließlich auch gefunden wird.

Wie reagiert man nun als Gemobbter? Wehrt man sich nicht gegen Angriffe und Vorwürfe, kommt dies dann einem Schuldeingeständnis gleich? Findet man sich dann damit ab, „komisch" zu sein?
Wehrt man sich, wird man verhaltensauffällig. Hab´ doch schon immer gewusst, dass mit dem was nicht stimmt. Dann sitzt man wieder in der Falle, weil das eigene Verhalten beliebig fehlinterpretiert wird.

Wie oft spielen Gemobbte diese Fragen durch? Wohl immer wieder! Selbst wenn es gelingt, etwas besser mit der Situation umzugehen, dauert es so unendlich lange, das Gespenst des Mobbers zu verjagen - es aus den eigenen Gedanken, ja den eigenen vier Wänden zu verbannen. „My Home is my Castle" heißt es – hier bin ich geschützt. Ein Betroffener erzählte mir aber einmal, dass er abends nicht nur mit seiner Frau auf dem Sofa saß. Seine Mobberin war mit dabei – zwar nur virtuell in seinen Gedanken, aber doch nie ganz weg. Selbst beim Spielen mit seiner Tochter saß sie daneben. Zum Geburtstag habe sie ihm einmal ein Buch geschenkt – „eine gnadenlose Jagd" war der Titel. Für ihn ist das bis heute kein Zufall, sondern eine klare Ansage, weiter zu machen – bis sie ihn endlich zur Strecke gebracht hat.

Kennen Sie die Alpträume, in denen man verfolgt wird, aber wie gelähmt ist und nicht vom Fleck kommt? Man ist vollkommen handlungsunfähig, und Panik macht sich breit. Beim Mobbing ist es oft ähnlich. Es wirkt wie ein schleichendes Gift, das auf lange Sicht seine verheerende Wirkung entfaltet. Langsam aber sicher zerfällt Ihre Widerstandskraft, bis Sie wehrlos und fast gelähmt sind. Wie gern würden Sie auf eine gebrochene Nase verweisen. Sie würden sich wünschen, dass Ihnen jemand eine reinhaut, damit Sie eine blutende Wunde präsentieren können, aber es passiert nicht.

Hoppla, in diesem Kapitel kommen die Frauen aber nicht gut weg. Glauben Sie mir, das ist reiner Zufall. Es sind aber diese Geschichten, die mir besonders intensiv in Erinnerung geblieben sind – zum einen, weil Männer in einer Mob-

bingsituation oftmals noch weniger Verständnis erfahren (er solle sich da halt durchsetzen, mal ein Kerl sein), zum anderen, da mich mit dem Betroffenen, der von seiner Kollegin „gnadenlos gejagt“ wurde, mittlerweile eine echte Freundschaft verbindet.
Ich hätte ihm zugehört und seine Ängste ernst genommen, das sei der Schlüssel für ihn gewesen. In unseren Gesprächen haben sich für ihn erstmals Perspektiven entwickelt. Leider ist auch er mittlerweile gegangen. Dies sei für ihn aber die richtige Entscheidung gewesen, auch wenn ich wieder innerlich fluche. Die Täter sitzen nämlich weiterhin im Sattel.

Es sei vor allem dieses elende Gefühl, nicht ernst genommen zu werden, das alles so schwer macht. „Ach, früher war auch nicht immer alles leicht“ oder „na denkst Du mir geht´s anders? Mein Chef motzt auch gern mal rum“ sind typische Aussagen, die jeder Gemobbte kennt.
Das erste Zitat richtete ein Vater an seinen Sohn, der jahrelanges Mobbing erlebt hatte. Der Sohn – selbst ein gestandener Kerl von 40 Jahren – berichtet mir noch heute davon, dass diese Reaktion des Vaters bei ihm viel zerstört habe.

„Er hat kein Stück von dem verstanden, was ich erleben musste. Es wird zwischen uns nie mehr so, wie es mal war“ erzählt er mir heute.

Ein weiterer Betroffener ist mir nach wie vor in Erinnerung. Er war Abteilungsleiter in einer Bank. Aus für ihn bis heute unerklärlichen Gründen sei er ins Visier des Vorgesetzten geraten. Dieser habe nun mit aller Macht versucht, sich seiner zu entledigen. Er werde jedoch nicht aufgeben, sondern kämpfen, bis seine Peiniger ihn in Ruhe lassen – wenn nötig mit Gerichtsbeschluss. Dies wiederholte er gebetsmühlenartig immer und immer wieder; es wurde für ihn fast zur Besessenheit. Tatsächlich gewann er eine Teiletappe vor Gericht, als der Arbeitgeber die Behauptung, der Mitarbeiter habe einen Vorgesetzten bedroht, nicht aufrecht erhalten konnte. Dies war ein Versuch des Arbeitgebers ihn loszuwerden, weitere sollten folgen. Man musste ihn also weiterbeschäftigen. Was für den Mitarbeiter zunächst wie ein Triumph wirkte, entwickelte sich später zum Alptraum. Man versetzte ihn nämlich in eine Zweigstelle, in der kaum ein Abteilungsleiter „überlebte“. Man gab ihm schließlich erniedrigende Aufgaben und versuchte ihn zu zermürben.

„Ich habe nicht gewusst, dass das so läuft“ sagte mir der Betroffene später. „Gewonnen und doch verloren“ fügte er schließlich hinzu.

Und dennoch war er bereit, weiter zu kämpfen – bis zur Selbstaufgabe. Was er dabei vergaß: Er verlor den Kontakt zur Realität, führte einen Kampf gegen Windmühlen.
Noch schlimmer: Er war dabei, seine Familie zu verlieren. Seine Frau drohte ihm mit Trennung. Sie werde die drei Kinder nehmen und ihn verlassen. Er habe nämlich nichts mehr mit dem Menschen zu tun, der er vor dem Mobbing war; das Ausmaß an Verbitterung und Aggressivität, das sein Handeln nun kennzeichnete, habe sie nur noch schockiert und abgeschreckt. Womöglich hätte er den Kampf gegen die Mobber sogar gewonnen, seine Familie wäre dabei jedoch auf der Strecke geblieben. Aber wir haben ja bereits angesprochen, dass es beim Mobbing ohnehin keine „Sieger“ gibt. Diese negative Kraft verschlingt letztlich die Energie und Moral aller Beteiligten.
Im geschilderten Fall willigte der Gemobbte schließlich ein und unterzeichnete einen Aufhebungsvertrag. Ja, er hatte aufgegeben, weil die Mobber ihn täglich mit neuen Schikanen bombardierten und das Maß an Ablehnung nunmehr unerträglich wurde. Er hatte aber etwas viel Wichtigeres – seine Familie und letztlich auch sich selbst – gerettet. Beinahe wäre es dafür zu spät gewesen.

Nun habe ich einige Geschichten im Zeitraffer erzählt, aber lassen Sie uns noch einmal beleuchten, was mit dem Betroffenen passiert, nachdem Zweifel gesät wurden. Wenn man Ihnen jeden Tag erzählt, wie gut Sie sind, dann glauben Sie das irgendwann und heben womöglich ab. Das ist es, was man bei Menschen erlebt, die den Kontakt zur Realität verlieren. Sie verpassen sich selbst einen Superstarstatus, obwohl er ihnen so gar nicht zusteht. Erzählt man Ihnen tagein, tagaus, wie schlecht Sie sind, glauben Sie dies auch, und hier beginnen die gefährlichen Prozesse beim Mobbing. Früher oder später fällt der Groschen – die Mobber werfen wenn nötig Geld nach, damit es bei Ihnen schließlich zur Erkenntnis kommt. Sie wissen zwar nicht warum, aber so viele Kollegen können doch nicht irren.

„Wenn alle sagen, wie blöd ich bin, muss doch was dran sein“ zitieren Sie sich selbst.

Hier sind dem Einfallsreichtum der Mobber natürlich keine Grenzen gesetzt. I.d.R. erlebt der Betroffene eine langsame Entmachtung sogar quälender, weil er zunächst noch Hoffnung hat und die schlechte Laune des Kollegen oder Vorgesetzten für einen Zufall hält. Ein verschwundenes Dokument oder ein falsches Passwort ist uns allen schon einmal untergekommen. Dahinter gleich Mobbing wittern? Wenn der Chef einem dann süffisant mit auf den Weg gibt, dass man wohl nicht ganz bei der Sache sei oder sich mal richtig ausschlafen müsse, nimmt man dies womöglich sogar noch als gut gemeinten Ratschlag auf. Dieses schleichende Gift entfaltet seine Wirkung weitaus langsamer, aber deutlich vernichtender als ein gezielter Keulenschlag, den man Ihnen versetzt. Der streckt Sie sicherlich zu Boden, zieht Sie aber womöglich nicht dauerhaft aus dem Verkehr. Im übrigen erleichtert ein schnelleres, brutales Manöver Ihnen, den Feind zu orten. Durch einen derartigen Übergriff gibt dieser nämlich seine Deckung auf zeigt sein wahres Gesicht. Bringt man Sie jedoch langsam zur Strecke, lähmt das Ihren Widerstand langfristig, und die Lokalisierung Ihrer Gegner ist ein weitaus schwereres Unterfangen – ganz abgesehen davon, dass der Schock größer ist. Stellen Sie sich vor, dass die von Ihnen zunächst als Ratschläge gewerteten Äußerungen gezielte Mobbingeinheiten waren, die Sie nur in Sicherheit wiegen sollten. Plötzlich erkennen Sie – wenn auch nur schemenhaft – dass alles geplant war und Sie als Spielball dienten. Da wäre Ihnen der schnelle Knockout sicher lieber gewesen. Diesen bekommt man beim Mobbing aber i.d.R. nicht verpasst, stattdessen ist ein langes Leiden vorgesehen – mitsamt schmerzhafter Erkenntnis, dass man als Knetfigur diente, an deren Formung sich viele versuchen durften.
Natürlich ist man dann irgendwann nicht mehr der Mensch, der man vorher war. Mobbing verändert alles, und der Weg zurück in ein selbstbestimmtes Leben ist so unglaublich schwer.

Egal, wie Sie sich in diesem Szenario fühlen – als Knetmännchen oder als Sträfling hinter Gittern. Der einzige Ausweg besteht darin, die eigene Handlungsfähigkeit wiederzuerlangen. Wer Ihnen dabei helfen könnte, haben wir ja bereits mehrfach thematisiert. Ganz allein bleiben Sie womöglich ewig ein Gefangener mit wenig Aussicht auf Begnadigung.

12. Ein teuflisches System

Was soll diese Überschrift bedeuten? Naja, so spektakulär wie sie klingt, werden die folgenden Zeilen nicht. Ich möchte vielmehr beleuchten, auf welch perfiden Kriterien das System Mobbing basiert und welche Muster sich insbesondere ein mobbender Arbeitgeber zunutze macht.
Zwei Kernelemente beim Mobbinggeschehen sind Ängste, die geschürt werden, und ein fehlender Zusammenhalt der Mitarbeiter, der dem Ganzen Einhalt gebieten könnte. Wenn ich Mobbingbetroffene frage, ob eine größere Solidarität untereinander möglich wäre, bekomme ich aber leider fast immer die gleiche Antwort:

„Vergiss′ es, dafür ist die Angst viel zu groß."

Diese Ängste werden ganz gezielt geschürt, wenn „von oben" Aussagen folgender Art zu hören sind:

„Solltet Ihr versuchen, Euch gewerkschaftlich zu engagieren, mache ich den Laden dicht!"

Gibt es doch einen Betriebsrat, ist dieser oft „die ärmste Sau". Ein mir bekannter Betriebsratsvorsitzender berichtet in Krisenzeiten nämlich immer häufiger von eigenen Bedenken.

„Bei uns bricht man Menschen gern das Rückgrat, damit sie geschmeidiger werden" ist nur eine seiner Aussagen, die mir in Erinnerung geblieben ist.
Form- und kontrollierbar soll er sein, der Mitarbeiter von heute – ein stiller Ausführer von Kommandos. Der eigene Wille schadet hier mehr als er nutzt. Okay, ein wenig Gehirnschmalz darf man mitbringen. Vielleicht ist man dann in der Lage, den Karren auch mal aus dem Dreck zu ziehen. Aber eigene Ideen und Vorschläge – nein danke! Suchen Sie bei youtube mal nach dem Titel „Useless" von Don Diablo. Das Video spiegelt - natürlich überspitzt - wieder, wie degeneriert sich die heutige Arbeitswelt z.T. darstellt.
Entspricht der Mitarbeiter dem gewünschten Anforderungsprofil nicht, so wird er einem „Anpassungsprozess" unterzogen, in dessen Verlauf man seinen Willen eben mitsamt Rückgrat bricht. Leider – so berichtet mir der Betriebsrat – setzt man auch ihn dieser Prozedur aus, zumindest versucht man es. Nicht selten läuft

er auf dem Zahnfleisch, weil der ewige Kampf so sehr an ihm zehrt. Zum Teil bekriegen sich der Anwalt des Betriebsrats und der seines Arbeitgebers. Es geht um bizarre Machtkämpfe, die meist der Arbeitgeber gewinnt.
Ihn selbst schneidet man von Informationen ab. All dies dient vor allem einem Ziel: die Mitarbeiter gegeneinander auszuspielen und zu instrumentalisieren. So wird unsere angesprochene Kollegialität und Solidarität der Mitarbeiter systematisch zerstört. Auf diese Weise bleibt das Ganze steuerbar, da der Arbeitgeber seine überlegene Position aufrechterhält. Tun sich Mitarbeiter zusammen, würden sie jedoch stärker und die Machtfülle der Unternehmensführung wäre gefährdet.

Sollen wir noch eins draufsetzen? Es gibt inzwischen gar Arbeitgeberanwälte, die sich damit rühmen, „unkündbare Mitarbeiter" - z.B. Schwerbehinderte oder Betriebsräte - loszuwerden. Manch eine Fernsehsendung bietet diesen Kandidaten auch noch eine Bühne.

Aber lassen Sie mich die Mobbingszenerie noch etwas konkreter aufarbeiten. Mobbingkonflikte zeichnen sich früher oder später meist durch ein hohes Maß an Feindseligkeit aus. Eine sachliche Auseinandersetzung ist oftmals unmöglich. So reiben sich Gemobbte häufig auf, indem sie bemüht sind, auf fachlicher Ebene zu glänzen und den Mobber von den eigenen Fähigkeiten und Bemühungen zu überzeugen. Ich bin doch gut und habe einen Wert für das Unternehmen. Das muss der andere doch verdammt nochmal erkennen. Dies ist jedoch der falsche Ansatz. Glauben Sie im Ernst, dass ein feindselig eingestellter Kollege oder Vorgesetzter sich für Ihre Arbeitsleistung interessiert? Diese legen eine Entsorgungsmentalität an den Tag und wollen Sie loswerden. Wie gut Sie sind, interessiert da nicht.
Im Gegenteil: Durch Ihre gesteigerte Leistung sind Sie neidischen Kollegen ein Dorn im Auge, und der Chef fühlt sich möglicherweise von Ihnen bedroht. Denn vergessen Sie bitte nicht: Man darf nie besser als der Vorgesetzte sein. Sind Sie ihm fachlich überlegen und er spürt dies, ist das quasi der berufliche Suizid.

Daher lässt man beim Mobbing auch gern die Muskeln spielen. Ich bin hier der Stärkere, ich bin der Leitwolf und das ist meine „Herde". Willst Du mir wegnehmen, was mir gehört, dann sollst Du das spüren. Hierbei werden alle Ebenen beschritten und ausgeschöpft. Überhaupt ist Machtmissbrauch eines der Hauptmotive bei Mobbing. Den anderen klein machen, um selbst größer dazustehen, darum geht es zumeist. Das gilt es zu verstehen, dann kann man den Kampf mit besseren Siegchancen aufnehmen. Vielleicht hilft dabei so manche Lektüre zum Thema Körpersprache mehr als ein reiner Mobbingratgeber. Beobachten Sie auch, wie der andere auf bestimmte Signale reagiert. Oftmals kommt es nicht so sehr auf den Inhalt, sondern auf die Art und Weise an, wie man etwas rüberbringt. So kommunizieren Frauen und Männer nicht nur in der Beziehung anders, auch am Arbeitsplatz treffen diesbezüglich oft Welten aufeinander. Ein entsprechend klares Signal zur rechten Zeit hilft oft mehr als die beste Rhetorik. Damit prallen Sie an einem entschlossenen Mobber einfach ab. Gelingt es Ihnen zu verdeutlichen, dass Sie den Gegner „lesen“ können und sein Vorhaben erkennen, so wird dieser mehr Respekt bekommen. Manchmal hilft ein selbstsicherer Bluff mehr als eine perfekte fachliche Pointe.

Zurück zur anfänglichen These: Der Mobber hat Sie als Wurzel allen Übels auserkoren. Er hält nichts von Ihnen, weil Sie zu schön sind, vielleicht sind Sie ihm auch zu hässlich. Möglicherweise fahren Sie das schnellere Auto oder erzählen die spannenderen Geschichten. Sie glauben gar nicht, wie schnell Urteile über andere Menschen gefällt werden. Ich habe bewusst recht banale Beispiele in den Raum geworfen. Was hat mein Auto mit meiner Arbeitsleistung zu tun? Ganz genau, gar nichts. Das macht es aber umso schwerer, die Auseinandersetzung sachlich zu lösen. Wenn der Mobber ein tief frustrierter Mensch ist, genügt bereits eine Kleinigkeit, um auf seiner Negativliste die Pole Position zu erklimmen. Sind Sie erfolgreich, gut aussehend und haben auch noch ein intaktes familiäres Umfeld, kann dies bereits das Todesurteil für Sie bedeuten. Es gibt zahlreiche Menschen, die es sich zur Lebensaufgabe gemacht haben, anderen ihr Glück zu nehmen, weil sie selbst keines haben.

Der Mobber sieht Sie nunmehr als Problem an, das es auszumerzen gilt. Ja, Sie hören richtig. Sie sind kein Mensch mehr; Sie sind ein personifiziertes Problem, das im Weg steht. Nun fängt der Mobber an zu sammeln. Unterläuft Ihnen einmal ein Fehler, wird der Gegner natürlich bereit sein, kurzfristig die Fachebene zu beschreiten. Dies ist schließlich eine Gelegenheit, Ihre Fähigkeiten in Frage zu stellen und aufzuzeigen, dass Sie dem Unternehmen möglicherweise schaden könnten.

Gelingt es nicht, Sie auf diesem Gebiet dauerhaft zu erschüttern, wird nach anderen Makeln gesucht. Kann man Ihnen privat etwas anhängen? Haben Sie seltsame Hobbys oder werden Sie gelegentlich am späten Abend in einer Kneipe

gesehen – vielleicht gar mit einem anderen Menschen als Ihrem Lebenspartner? Dem Mobber genügt ein kleiner Blutstropfen, um daraus eine Blutlache zu machen.
Er wird solange forschen, bis er etwas gefunden hat, das Sie in eine zweifelhafte Position bringt. Hat er genügend Belege zusammen, dass Sie ein zwielichtiger Mensch sind oder auffallend viele Fehler machen, kann er die Maschinerie ins Rollen bringen. Er beginnt andere zu infizieren, schließlich sind Sie aus seiner Sicht für das Unternehmen nicht (mehr) tragbar. Sollte sein Vorhaben gelingen, dann werden Sie zunehmend eine wachsende Distanz zu den Kollegen spüren.
Der Mobber hat ein verzerrtes Bild von Ihnen gezeichnet, das er nun kopiert und in der Folge immer mehr Personen überreicht. Wenn Sie Glück haben, lehnen einige Mitarbeiter dieses „Geschenk" ab. Sie ziehen es vor, sich selbst als „Künstler" zu betätigen und ein eigenes Bild anzufertigen. Dummerweise gibt es aber immer wieder Menschen, die jedes noch so zweifelhafte Präsent annehmen und das von Ihnen erstellte Dokument eines Ehebrechers oder Kinderschänders mitnehmen. Dieses Bild zu korrigieren, fällt dann oft unendlich schwer. Irgendwas bleibt fast immer hängen, und so haben Sie schnell Ihren Ruf weg. Eine vollständige Rehabilitation bleibt hingegen meist aus.
Sie selbst bekommen dieses schreckliche Bild natürlich nie zu Gesicht. Mit etwas Glück erlangen Sie ein paar Puzzleteile, die Sie mühsam zusammensetzen müssen, um Ihrem Gegner auf die Spur zu kommen. Unglücklicherweise ergibt sich selten ein klares Gesamtbild, meist bleibt Ihr Kontrahent maskiert und unscharf. Deshalb gilt es, möglichst viele Puzzleteile zu sammeln, bis Sie klarer sehen und sich der Nebel lichtet.

Bei einem derartigen Mobbingszenario sind Sie in einer eher passiven Position. Es gibt aber auch dynamische Mobbingverläufe, in denen Sie und Ihr Gegner sich zunächst auf Augenhöhe begegnen. Sie mögen sich nicht, ein Wort ergibt das andere und das Unheil nimmt seinen Lauf. Stellen Sie sich das Ganze wie eine Leiter vor: Sie und der Mobber treffen sich in der Mitte. Der Mobber vertritt nur ein klares Ziel: Sie Stück für Stück weiter nach unten zu befördern und selbst nach oben zu klettern. Gelingt es Ihrem Gegner, Sie schnellstmöglich nach ganz unten zu schubsen, wäre ihm dies sicher am liebsten. Aber so läuft es beim Mobbing i.d.R. nicht. Wir sprechen von langwierigen Prozessen, und so muss der Mobber Sie Sprosse für Sprosse nach unten schicken. Sind Sie dort erst einmal angekommen, wird es immer schwerer, sich wieder hochzuarbeiten.

An diesem Punkt sieht der Mobber sein Ziel erreicht, da das Opfer schwer angeschlagen und nicht mehr konkurrenzfähig ist. Dann hat das System Mobbing einmal mehr seine zerstörerische Wirkung entfaltet.

13. Der Weg in den Ring

Es ist das Szenario, das Ihnen die größte Angst macht. Sie werden ins Büro des Vorgesetzten gebeten: „Kommst Du gleich mal rein, es gibt was zu besprechen."

Sie verkrampfen und malen sich diverse Hinrichtungsszenarien aus, aber es gibt Möglichkeiten, sich ein Stück weit zu schützen und solche Situationen zumindest halbwegs erfolgreich zu überstehen. Grundsätzlich empfehle ich, ein solches Gespräch nicht allein zu führen, sondern eine Person des Vertrauens mitzunehmen. Dummerweise entscheidet Ihr Arbeitgeber, wen er als Vertrauensperson zulässt. Im Normalfall wird er auf den Betriebs- oder Personalrat bzw. die MAV verweisen – sofern es eine derartige Anlaufstelle für Sie gibt. Es ist auch heute längst noch nicht jedes Unternehmen dementsprechend „ausgestattet".

In der Realität ist es dann aber ohnehin schwierig, Unterstützung zu mobilisieren, wenn man in zehn Minuten im Chefbüro erscheinen soll. Müssen Sie nun doch alleine in die Höhle des Löwen, so gibt es dennoch Mittel und Wege, seine Haut so teuer wie möglich zu verkaufen. Ein erster Hinweis wäre, sich „richtig" zu platzieren. Wenn man ein paar schlechte alte Agentenfilme gesehen hat, dann kennt man das Verhörszenario. Man weist Ihnen einen Platz auf dem Präsentierteller zu, damit Sie entsprechend fixiert werden können. Wenn möglich lässt man sie noch in ein grelles Licht schauen, um Ihr Unwohlsein zu verstärken (vielleicht habe ich tatsächlich zu viele schlechte Filme gesehen). I.d.R. finden Sie sich nicht in einer eins zu eins Situation wieder, sondern sehen sich mehreren Personen gegenüber, die mit gezückten Pistolen gewillt sind, Sie gewissermaßen zu exekutieren. Nennen Sie es Schlachtbankszenario oder Straftribunal – beides trifft es recht gut.

Ist es Ihnen nun nicht gelungen, jemanden hinzuzuziehen, um Ihre zahlenmäßige Unterlegenheit auszugleichen, müssen Sie anders verfahren. I.d.R. gibt es in nahezu allen vergleichbaren Konstellationen einen Leitwolf, der die Beute zuerst attackiert. Die anderen halten sich zunächst meist im Hintergrund auf. Die Natur liefert uns diesbezüglich zahlreiche Vorlagen. Erkennen Sie also den Leitwolf und kümmern sich nicht so sehr um den Rest. Der kann Ihnen erst einmal nicht sehr gefährlich werden. Sind Sie in der Lage, dem „Leittier" Paroli zu bieten und sich nicht fressen zu lassen, kommen Ihnen die anderen meist gar nicht mehr zu nah.

Wichtig ist für Sie zu erkennen, was man von Ihnen will. Wo möchte man Sie anschießen und wie reagieren Sie auf diesen Angriff? Ich habe ja bereits angesprochen, dass wir meiner Meinung nach immer noch stark von unseren Urinstinkten geprägt sind. Ob früher der Säbelzahntiger oder heute der Chef, der mit gefletschten Zähnen vor uns steht – auch wenn wir davon ausgehen können, am Arbeitsplatz nicht gefressen zu werden, so ist doch in beiden Fällen eine Bedrohungssituation gegeben, in der wir unsere Existenz gefährdet sehen – sei es im tatsächlichen Sinne, wenn uns ein Raubtier gegenüber tritt oder im übertragenen Sinne, wenn wir um unsere Arbeitsstelle bangen. Man will uns etwas Bedeutsames nehmen. Das löst in uns allen fast automatisch einen Reflex aus, der bei einem Menschen die Kampfbereitschaft fördert, während ein anderer eher zur Flucht neigt. Diese Reaktionen, die jeder in unterschiedlich starker Ausprägung auslebt, sind tief in uns verankert.

Sollten Sie zum Kampf neigen, tragen Sie womöglich zu einer Eskalation bei. Dies muss nicht weiter ausgeführt werden. Tendieren Sie zur Flucht, dann beginnen Sie sich als Angegriffener zu rechtfertigen. Oftmals kommt dies jedoch einem Schuldeingeständnis gleich. Was passiert, wenn man im Sumpf steckt und strampelt? Man versinkt immer tiefer. Tun Sie das nicht. Es geht überhaupt nicht darum, von Ihren Leistungen und Erfolgen zu hören. Es geht lediglich darum, Sie zu verunsichern und weiter zu schwächen. Selbstverständlich skizziere ich hier eine Situation, die ein sehr spätes Konfliktstadium kennzeichnet. In einer früheren Phase, in der beide Seiten an einer Konfliktlösung interessiert sind, treffen Sie noch Sachlichkeit und Vernunft als sinnvolle Begleiter an. Aber glauben Sie mir: Man findet recht schnell heraus, ob der Arbeitgeber an einer Klärung interessiert ist oder das Ganze doch recht schnell in Richtung einer Hexenverbrennung geht.

Ein Aspekt, der manchmal unterschätzt wird, ist die Sitzordnung. Positionieren Sie sich so, wie Sie sich am wohlsten fühlen, wobei wohl fühlen es sicher nicht ganz trifft. Es geht darum, sich nicht wie ein Spielball behandeln zu lassen. Seien Sie selbst aktiv, und nehmen Sie nicht gleich bereitwillig die Rolle des Opferlamms ein. Gleichzeitig ist für Sie natürlich auch interessant und aufschlussreich, wie sich die anderen Gesprächsteilnehmer platzieren. Hier lässt sich bezüglich der Rangordnung schon sehr viel erkennen. Achten Sie auf entsprechende Signale, und nutzen Sie diese zu Ihren Gunsten.

Drehen Sie doch den Spieß um und setzen sich so, dass es den anderen unangenehm ist. Zwingen Sie Ihren Hauptgegner, sich zu Ihnen umdrehen zu müssen. Dadurch schlägt das Machtpendel schnell zu Ihren Gunsten um. Im Idealfall sprengen Sie die Allianz Ihrer Gegner, indem Sie zwischen ihnen Platz nehmen und damit auch den Blickkontakt Ihrer Kontrahenten verhindern. Nun will ich aber nicht zuviel von Ihnen verlangen, natürlich ist das auch nicht so einfach umsetzbar. Es geht mir nur darum, dass Sie sich soweit wie möglich schützen und die Gegner ein wenig aus dem – womöglich gut geplanten – Konzept bringen. Ein Wagen entwickelt beim Frontalaufprall die größte Kraft. Gehen Sie dem aus dem Weg, indem Sie dem entgegenkommenden Fahrzeug kein festes anvisierbares Ziel bieten, sondern eine bessere „Parkmöglichkeit“ finden.

Dann harren Sie der Dinge. Man hat Sie zum Gespräch zitiert, und nun soll auch die Gegenseite kundtun, worum es ihr geht. Sollten Sie überraschenderweise doch die Gelegenheit bekommen, vernünftig zu argumentieren, gelten die Hinweise aus unserem Kapitel „Was tun im Mobbingfall?“
Sprechen Sie also an, wie kräftezehrend die Konflikte sind. Wenn man die Energien bündeln und auf die Arbeit konzentrieren könnte, ginge es allen Involvierten besser. Auch an dieser Stelle noch einmal der Hinweis: Vermeiden Sie bitte Schuldzuweisungen, diese wirken häufig wenig souverän. Den Begriff Mobbing sollten Sie zunächst einmal aus Ihrem Sprachschatz verbannen, es geht noch früh genug „ans Eingemachte“; Sie müssen das Geschehen also nicht unnötig anheizen. Streuen Sie stattdessen Überraschungen ein. Wahrscheinlich sind Sie für den Chef und Ihre Kollegen berechenbar. Schlagen Sie Haken und verwundern Sie Ihr Gegenüber durch Variantenreichtum. Unberechenbarkeit ist Ihr größter Trumpf. Gelingt es Ihnen, die Situation sachlich zu erfassen und darzustellen, was unter verbesserten Arbeitsbedingungen möglich wäre, könnte das vernünftig denkende Vorgesetzte ins Grübeln bringen.

Wichtig ist auch der Hinweis auf die Notwendigkeit einer guten Kommunikation. Sie sind an einem regelmäßigen Austausch interessiert und werben für größere Transparenz. Signalisieren Sie Kompromissbereitschaft hinsichtlich einer besseren Zusammenarbeit. Ein gutes kollegiales Arbeitsverhältnis ist Ihnen wichtig, daran sollte kein Zweifel bestehen.

Wir haben ja bereits erwähnt, wie wichtig die Körpersprache sein kann. Auch in unserem „Ringgespräch“ gilt es auf die nonverbale Kommunikation zu achten. Sind Sie verkrampft oder sitzen Sie „fest im Sattel“? Können Sie dem anderen

in die Augen schauen? Das ist ein Zeichen von Stärke und eine Möglichkeit, frühzeitig zu punkten.
Diese Signale hinsichtlich der Stabilität und des Selbstvertrauens werden mit Bestimmtheit registriert und können für den erfolgreichen Ausgang einer Auseinandersetzung wesentlich wichtiger sein als die inhaltliche Argumentation. Mimik, Gestik, der Blick, Ihre Hände – das alles spiegelt weit mehr Ihren Gemütszustand wider als Ihre Stimme, die sicherlich nicht zu brüchig sein sollte.

Auch vor Gericht sind diese Signale bedeutsam für den Erfolg oder Misserfolg. Prüfen Sie sich selbst und lassen Sie sich unter Umständen von einem Verhaltenstherapeuten unterstützen. Mit diesem könnten Sie solche Situationen auch im Rollenspiel simulieren.
Machen Sie sich nicht selbst zum Opfer! Versuchen Sie Stärke zu demonstrieren. Das können Sie zu Hause vor dem Spiegel trainieren – klingt vielleicht komisch, ist aber so. Wie es in Ihnen aussieht, geht bekanntlich niemanden etwas an. Im Auto oder zu Hause dürfen Sie weinen und schreien, aber bitte machen Sie es Ihren Gegnern in der direkten Auseinandersetzung nicht so leicht.

Kehren wir aber doch noch einmal zu unserer Eingangsfrage zurück: Müssen Sie diesen mitunter schweren Weg nun alleine gehen oder nicht? Hier kann man mit einem klaren „jain“ antworten. Im echten Boxring haben Sie einen Trainer (der Sie moralisch stärken und vor Verletzungen schützen soll) und vielleicht noch einen „Cut Man“ mit dabei – das sind die Leute, die sich darauf verstehen, Ihre Wunden schnellstmöglich zu versorgen und weiteren Blutverlust zu stoppen.
Aber wer sollte nun in diesem virtuellen Ring – dem ganz ohne Ringseile auskommenden Büro – Ihren Coach und den Cut Man verkörpern? In den Selbsthilfegruppen haben wir dies bereits häufig diskutiert. Wer könnte für mich nun eine Person meines Vertrauens sein? Mein Partner? Ein guter Freund? Ab und an gehe ich mit, weil Betroffene auch mir ihr Vertrauen schenken. Diesbezüglich hat mir ein Arbeitsrechtler jedoch ein wenig den Wind aus den Segeln genommen. Natürlich kann ein Mobbingopfer mich um Unterstützung und Begleitung bitten, aber ich bin betriebsfremd und insofern kann der Arbeitgeber mir den Zutritt jederzeit verweigern. Betriebsnahe Ansprechpartner – beispielsweise der Personalrat oder die MAV – haben eine andere Legitimation.
Diese Betriebsangehörigen dürften sich aber oftmals gut überlegen, wie sehr sie sich für einen Betroffenen, der womöglich ohnehin nicht mehr den besten Ruf innerhalb des Unternehmens genießt, ins Zeug legen wollen. Man hat zwar als

Mitglied des Betriebsrats oder der MAV eine recht starke Position, aber der Arbeitgeber besitzt Möglichkeiten, auch hier Druck auszuüben und einem das Leben schwer zu machen. Ein mir vertrauter Betriebsrat erzählte mir kürzlich von Vorgaben seines Arbeitgebers, denen zufolge er wichtige Informationen erst nach größtmöglichem Widerstand erhalten soll. So wird also auch der Betriebsrat als wichtiger Unterstützer systematisch boykottiert.

Und was, wenn es gar keinen Betriebsrat oder eine MAV gibt? Dann wächst die Überlegenheit des Arbeitgebers und Sie sind unter Umständen darauf angewiesen, mit Ihrem Anwalt „aufzukreuzen". Dieser hat wiederum eine andere Berechtigung Sie zu begleiten, da er Ihr offizieller rechtlicher Vertreter ist. Sie können aber davon ausgehen, dass Sie dann auf der Beliebtheitsskala rasch noch ein paar Etagen nach unten purzeln.

Eine weitere interessante Frage ist die, ob Sie sich einem solchen Gespräch im „Büroring" entziehen können. Im Grunde haben Sie das Recht, sich auf so ein womöglich richtungsweisendes Gespräch vorzubereiten. In der Praxis stellt sich das Ganze natürlich deutlich schwieriger dar, da ein abgebrühter Arbeitgeber Sie gern mal auf dem falschen Fuß erwischt und zeitnah zum Austausch „bittet". Selbst wenn Sie über die Schwerpunkte des Gesprächs informiert würden, hätten Sie kaum Zeit und Gelegenheit, sich entsprechend zu rüsten. Sie haben jedoch die Möglichkeit, das Gespräch abzubrechen, wenn Sie sich extrem unwohl fühlen oder den Eindruck haben, dass es in die falsche Richtung geht und Sie (weiteren) Schaden nehmen könnten. Vor Gericht würde man sagen, „dass Sie die Aussage verweigern dürfen, wenn Sie sich ansonsten selbst belasten."

Wie häufig man diesen Weg geht, ist eine andere Frage. Letztlich spielen Sie Ihren Gegnern damit in die Karten, weil Sie Schwäche zeigen und an Souveränität verlieren. Derartige Gespräche komplett abzulehnen, kann man Ihnen auch negativ auslegen, weil Sie sich damit einer Kompromisslösung verweigern. Im schlimmsten Fall könnte man Ihnen Arbeitsverweigerung vorwerfen. Deshalb ist es sinnvoll, sich der Situation zu stellen, hierbei aber nicht die Deckung aufzugeben. Kontern Sie die Angriffe wenn möglich kurz und sachlich oder lassen Sie das Ganze verbal ins Leere laufen. Manchmal ist Schweigen die größte Waffe. So sollten Sie diesen Kampf möglichst ohne die ganz großen Blessuren überstehen – auch ohne „Cut Man" an Ihrer Seite.

14. Wie ich zum Mobber wurde

Nein, hier folgt jetzt kein großes Geständnis. Ehrlich gesagt habe ich gehofft, dass diese Kapitelbezeichnung etwas Spannung erzeugen würde. Hat´s geklappt?

Eine Handlungsanleitung zum Mobbing werden Sie hier hoffentlich auch nicht bekommen, das ist jedenfalls nicht meine Absicht. Es geht mir vielmehr darum aufzuzeigen, wie schnell man zum Mobber werden kann – wenn die Umstände „günstig" sind.

Nehmen wir an Sie sind Familienvater – nennen wir Sie Herrn M. Ihr Chef hat Ihnen eine Gehaltserhöhung und sogar eine innerbetriebliche Höhergruppierung in Aussicht gestellt. Euphorisch erzählen Sie Ihrer Frau davon und wecken damit Erwartungen. Plötzlich scheint der Traumurlaub möglich und auch die Wünsche der Kinder sind offenbar zeitnah zu erfüllen.

Eine Woche später stellt der Chef Ihnen einen neuen Kollegen vor – Herrn S.

Er habe es sich anders überlegt und wolle nun eine Art Wettkampf um die Beförderung ausrufen. Ihre Knie zittern, Sie werden etwas blass um die Nase. Dieser Herr S. ist ein gut geratener Kerl – gepflegt und smart. Verflucht, der Typ kann Ihnen den Aufstieg verwehren und diese vielleicht einmalige Gelegenheit rauben.

Er streckt Ihnen seine Hand entgegen – „auf gute Zusammenarbeit und einen fairen Umgang" haucht Herr S. Ihnen entgegen und lächelt Sie freundlich an. Er ist Ihnen nicht mal unsympathisch und hat sogar zwei Töchter im gleichen Alter wie Ihre beiden Jungs. Das alles erfahren Sie recht schnell vom neuen netten Kollegen, der offenbar Vertrauen aufbauen will und in diesem Moment doch zu Ihrem größten Widersacher wird.

Sie sind hin- und her gerissen. Sie taugen so gar nicht zum Mobber, aber ein bisschen Angst haben Sie vor diesem netten Burschen schon. Jetzt müsste eine Zeitmaschine her, die entweder Sie oder ihn in eine andere Epoche schleudert.

Nachdem Sie äußerlich halbwegs gefasst die freundlichen Annäherungsversuche von Herrn S. erwidert haben, setzt allmählich auch innerlich wieder eine gewisse Gelassenheit ein. Smart bin ich schließlich auch, denken Sie sich – und außerdem schon viel länger im Unternehmen. Diesen Wissensvorsprung werden Sie schon irgendwie ins Ziel retten. Außerdem ist jetzt Ihr Ehrgeiz geweckt.

Der Chef entlässt Sie und den neuen Kollegen schließlich mit einem wohlwollenden Lächeln und drückt salomonisch beiden die Daumen.
So verstreichen einige Wochen. Ihre Familie wird allmählich ungeduldig und fragt, wie es denn nun weitergeht. Die Beförderung sei ja quasi fix – oder etwa doch nicht? Ihre Frau kennt Sie ganz genau und spürt eine gewisse Unruhe. Ob irgendwas nicht stimmt, will sie wissen. Sie wiegeln ab und verweisen auf Verzögerungen, für die niemand etwas könne. Natürlich werde letztlich alles gut.
Auf der Arbeit läuft es nun aber längst nicht mehr nach Plan – jedenfalls nicht für Sie. Herrn S. hingegen scheint es mächtig gut zu gefallen. Der Chef lacht jedenfalls auffallend oft mit ihm und zeigt sich auch viel häufiger an dessen Seite als bei Ihnen. Das ist jedenfalls Ihre Wahrnehmung. Ist dem wirklich so?
Allmählich beginnt sich Ihre Sicht der Dinge zu verändern. Plötzlich riecht das Rasierwasser von Herrn S. für Sie beißend aggressiv, und seine Witze werden auch immer schlechter. Komischerweise empfinden nur Sie das so. Ein Großteil der Kollegen – insbesondere die Damen – finden ihn furchtbar charmant und reizend. Das nervt Sie noch mehr. Hat er allen eine Gehirnwäsche verpasst oder was? Halt, ein Kollege sieht es ähnlich wie Sie. Auch ihm geht der ach so eloquente Mr. Perfect gehörig auf den Zeiger.

„Der mit seinem Ordnungsfimmel – schau Dir mal an, wie fein säuberlich er alles sortiert hat.“

„Aber echt“ denken Sie sich. Wenigstens einer hat den Durchblick.

In den nächsten Wochen baut sich in Ihnen ein immer stärker werdender Druck auf. Herr S. scheint zunehmend sicherer, die bohrenden Fragen Ihrer Familie nach Urlaub und Geschenken werden hingegen immer nervender. Irgendwann folgt die Ansage des Chefs, dass Herr S. gegenwärtig „leicht die Nase vorn habe“.

Ist dem wirklich so oder sagt Ihr Chef das nur, um Sie weiter anzuspornen? Ihre Unsicherheit wächst, Sie fühlen sich zunehmend unwohl und bekommen regelrecht Angst. Was nun folgt, sind erste Mobbingtendenzen. Sie lästern vermehrt mit dem Kollegen, der sich – genau wie Sie – über die plötzliche Popularität des großen Unbekannten ärgert. Vielleicht gehen Sie auch mal zu einer Kollegin und kratzen ein wenig am vermeintlich perfekten Image des Rivalen, indem Sie ihm Imponiergehabe nachsagen.

Im nächsten Stadium lassen Sie dann möglicherweise mal ein paar Akten vom ach so ordentlichen Schreibtisch des Kontrahenten verschwinden.
So kommt die Mobbingmaschinerie in Gang und Herr S. verliert für Sie zunehmend sein Gesicht; er mutiert vom anfänglich netten Menschen zur unerträglichen Bedrohung und das, obwohl er gar nichts falsch gemacht hat.

Ich möchte das Ganze nicht unendlich weiterspinnen. Wie gesagt: Dies soll schließlich keine Handlungsanleitung in Sachen Mobbing werden, sondern skizzieren, wie schnell jeder von uns aus bestimmten Lebensumständen heraus zum Mobber oder Gemobbten werden kann. In diesem Fall war für Sie, Herrn M., Angst ein großes Motiv – Angst, dass der Kollege Ihnen etwas wegnehmen könnte, das Sie bereits Ihrer Familie versprochen hatten.

„Wie ich zum Opfer wurde" hätte die Überschrift also auch lauten können, aber ich wollte ein wenig überraschen. Wo finden Sie sich nun eher wieder – in Herrn M. oder in Herrn S.? Seien Sie ehrlich – ab und an sind wir doch alle mal in der Position des Familienvaters, der Frau und Kind etwas Tolles verspricht, was er dann doch nicht halten kann. Ich bin sicher, dass Sie – genauso wie ich – Menschen kennen, die Ihnen ständig irgendwie im Wege sind. Menschen, die einfach talentierter sind und irgendwie immer die Nase vorn zu haben scheinen. Wie man damit umgeht, das ist dann die entscheidende Frage.

Mobber sind nicht zwangsläufig bösartige Gesellen, die alles und jeden um sich herum dem Erdboden gleichmachen wollen. Mobber sind mitunter ganz normale Menschen wie Du und ich – eben wie Herr M. Damit möchte ich nun wirklich keine Legitimierung für Mobbing schaffen – ganz im Gegenteil: Ich möchte ein Bewusstsein erzeugen, genauer hinzuschauen und zu erkennen, dass Mobbing für uns alle nicht so weit weg ist.

Bitte werden Sie nicht zum Mobber – und auch nicht zum Handlanger. Mobbing ist sozialer Mord. Beteiligen Sie sich nicht an der gesellschaftlichen Vernichtung eines anderen Menschen.

15. Mein Chef, das unbekannte Wesen

Kommt's Ihnen auch manchmal so vor, als wäre Ihr Chef eine Kreatur vom anderen Stern? Irgendwie aussehend wie Sie, aber dann doch launisch und wandelbar wie ein Chamäleon und ätzend wie ein Alien? Sollte man diese Kapitelüberschrift nun mit einem Ausrufe- oder Fragezeichen versehen? Ein Ausrufezeichen wäre vielleicht bequemer. Dann könnten wir ganz einfach sagen, dass man dieser unangenehmen Person ohnehin nicht beikommen kann. Was auch immer wir tun – er schafft es ja sowieso, uns schlecht aussehen zu lassen und uns das Gefühl zu geben, dass es mal wieder nicht gut genug war.

Das mit dem Peter-Prinzip haben wir soweit geklärt und damit ziemlich wasserdicht belegt, dass Chefs die Könige des Versagens sind, aber als im wahrsten Sinne des Wortes hoch Gelobte können sie ja eigentlich gar nichts dafür, dass sie in ihrer Position überfordert sind und schlecht arbeiten.

Aber lassen Sie es mich nun doch mit etwas größerer Objektivität versuchen. Ist Ihr Boss für Sie nun wirklich ein Buch mit sieben Siegeln oder lässt er sich mit geschickter Beobachtung doch ein Stück weit „lesen“? Hierzu sollten Sie sich fragen, was für ein Typ Ihr Vorgesetzter ist. Hat er die Ausstrahlung eines Grabsteins oder bekommt er regelmäßig einen Tobsuchtsanfall nach dem anderen? Wenn er ständig unter Strom steht, zündet er Sie dann meist mit an oder gelingt es Ihnen, kühlen Kopf zu bewahren? Eine der Schlüsselfragen beim Mobbing ist die, ob man selbst etwas an seiner Situation ändern kann oder ständig nur der hilflose Spielball ist. Ich finde, man sollte dies zumindest hinterfragen – nicht weil ich Betroffenen eine Mitverantwortung an ihrer Situation geben will, sondern weil die Vorstellung, dass man aktiv und wehrhaft sein kann, aus meiner Sicht weitaus größeren Charme hat.

Macht hat man nicht, sie wird einem verliehen. Geben Sie niemandem die Macht über sich. Lassen Sie nicht zu, dass jemand Sie ständig in Frage stellt und Zweifel sät.

Was also tun, wenn der Chef mal wieder kurz vor Dienstschluss mit einem Auftrag kommt, um Sie als Hauptfigur in seinen Drehplan einzubauen? Ist man dann wirklich immer hilflos oder kann man etwas dagegen tun?

Wichtig ist für Sie vor allem, Ihren Chef zu „scannen“. Was ist heute von ihm zu erwarten? Hat er womöglich wieder einen kreativen Anfall, den Sie ausbaden sollen? Aber wie macht man das? Man ist doch kein Hellseher. Und dann steckt einem noch die Angst in den Knochen, sich wieder einen Rüffel abholen zu müssen.

Mit Ihrem Gefühl sind Sie sicher nicht allein. Das Magazin Psychologie und Praxis berichtet in einer Ausgabe über „Tapferkeit vor dem Chef". Deutschland gelte nämlich als Land der schlechten Führungskräfte. Nur zwei von zehn Befragten sahen in einer DGB Studie die Führungskultur ihrer Firma rundum positiv. Immer mehr Mitarbeiter fühlten sich dem Magazin zufolge jedoch in die Irre, ja sogar von Irren geführt. In jedem Fall ist ganz schön irre, was in manchen Unternehmen abläuft. Jeder von uns kennt wohl einen dieser Bosse, die ständig den Ton angeben wollen, aber nicht einmal die Noten kennen.[8]
Dabei braucht es eigentlich nicht viel, um Mitarbeiter glücklich zu machen. Eine Untersuchung zum Thema Arbeitszufriedenheit ergab, dass für Beschäftigte nicht etwa der Lohn oder möglichst angenehme Arbeitszeiten entscheidend sind. Kollegialität, Anerkennung und Sinn der Tätigkeit stehen an erster Stelle. Ein lobendes Wort zur rechten Zeit und der Angestellte arbeitet gern freiwillig ein bisschen länger. Wenn die Arbeit Freude macht, zählt auch nicht jeder Euro. Geld ersetzt schließlich kein gutes Betriebsklima. Das ist für viele Chefs aber offenbar unverständlich, anders sind gravierende Defizite im Führungsverhalten nicht zu erklären.

Aber zurück zur Studie: Ein amerikanischer Verhaltensforscher – so lässt es „Psychologie und Praxis" verlauten – fand heraus, dass die seelische Gesundheit eines Menschen fast genauso vom Chef wie vom Lebenspartner abhängt. Was auf den ersten Blick womöglich verstörend klingt, leuchtet bei näherer Betrachtung durchaus ein. Viele von uns verbringen mehr Zeit mit Kollegen und Vorgesetzten als mit der eigenen Familie und wenn Sie mir erzählen wollen, dass Sie bei Verlassen des Unternehmens sofort abschalten können und keinen Gedanken mehr an die Arbeit verschwenden, dann kaufe ich Ihnen das nicht ab. Bei so manchem wird das Treiben des Chefs nach dem Feierabend noch Thema sein – auch ganz ohne Mobbing. Kommt dieses noch dazu, mutiert der Boss plötzlich zur Hauptfigur in Ihrem Leben; er wird für Sie bestimmender als Partner und Kind.
Mobbing wird nämlich immer mehr zum Führungsproblem. Eine Umfrage von stern.de hat ermittelt, dass der durchschnittliche Mitarbeiter jede Woche vier

---

[8] Vgl. Psychologie und Praxis: „Tapferkeit vor dem Chef"

Stunden über den Vorgesetzten meckert. Grund zur Klage gibt es allemal. Nach wie vor fehlt vielen Chefs die Führungsqualität, und eine entsprechende Ausbildung für den richtigen Umgang mit den Mitarbeitern sucht man vergeblich. Fachwissen zählt mehr als menschliches Vermögen. Dieses Szenario der schlechten Führungskräfte und frustrierten Angestellten bindet unglaublich viele Energien.

Kommen wir erneut zu unserer Eingangsfrage: Müssen wir das Ganze hilflos über uns ergehen lassen? Gibt es keinen Kniff, keine wirksame Strategie gegen den Chef, der uns mal wieder in letzter Sekunde mit Arbeit zudeckt und so den Feierabend verdirbt? Wird man also schlecht geführt und ist gänzlich hilflos oder lässt man zu, dass der Vorgesetzte einem stetig mehr Arbeit aufbürdet? Wie wäre es mit der richtigen „Bedienungsanleitung“ für Chefs? Die sind nämlich wahrlich nicht alle gleich.

Nehmen wir uns doch zuerst einmal den **Schreier** vor. Den kennen und fürchten wir alle. Er redet nämlich nicht, er brüllt. Vielleicht will er auf Nummer sicher gehen, damit ihn auch alle verstehen. Dass er mit jeder steigenden Oktave selbst an Ansehen verliert, bemerkt er freilich nicht – und Sie sollten ihn auch besser nicht darauf hinweisen, sofern Sie keinen Flächenbrand auslösen wollen. Wenn seine Gesichtsfarbe Sie an kochende Tomatensuppe erinnert, heißt es also ruhig bleiben, da verfrühter Widerspruch auf ihn wirkt wie das sprichwörtliche rote Tuch auf den Stier.
Vielleicht hilft es gelegentlich, sich selbst in einen tranceähnlichen Zustand zu versetzen und an etwas Schönes – sei es ein Strandspaziergang oder ein gutes Glas Wein – zu denken, bis der Wutanfall vorüber gegangen ist. Egal, was Ihnen beim Abschalten hilft - halten Sie solange wie möglich daran fest, bis der Brüllbär mit Krawatte heiser ist. Sollten Sie ihn in irgendeiner Form unterbrechen, könnte das zu einem zweiten Urknall führen.

Kann man gegen diese verbale Dampfwalze also wirklich nur abwarten und Tee trinken, bis er sich irgendwann wieder beruhigt? Das wäre wohl am sinnvollsten. Wichtig ist in jedem Fall, sich nicht klein zu machen. Sonst wird er Sie mit Haut und Haaren fressen. Die gezielte Konfrontation sollten Sie aber auch meiden, auf einen aggressiven Schlagabtausch versteht er sich bestimmt besser. Das hat er schließlich oft genug geübt. Sie sollten in einer solchen Situation also weder offen kämpfen noch flüchten. Sinnvoller ist es, ihn auf eine sachliche

Ebene zu zwingen. Weisen Sie darauf hin, dass seine Unbeherrschtheit auf Sie irritierend wirkt und der Kommunikation nicht förderlich ist. Nehmen Sie Stellung und schildern Ihr Gefühl.

Beispiel: „Ihre Lautstärke hat mich schon etwas gestört, warum haben Sie so reagiert?"

Oder auch:

„Sie dürfen mich jederzeit kritisieren, aber Ihr Tonfall war wirklich unangemessen und respektlos."

Ein Gruppenmitglied gab einmal den Hinweis, auf lautstarke Menschen persönlich mit größtmöglicher Gelassenheit zu reagieren. Spricht man selbst leise, zwingt man auch den brüllenden „Gesprächspartner" zu größerer Ruhe. Erwidert man hingegen die entsprechende Lautstärke, befindet man sich quasi in einem Gefecht, das länger andauern und beidseitig größeren Schaden anrichten kann. Ist eine Sache erst einmal ausgesprochen, kann man sie nicht mehr rückgängig machen. Vielleicht weisen Sie darauf hin, dass seine Unbeherrschtheit in bestimmten Fällen eher schadet als nutzt und geben dafür konkrete Beispiele.

Wie bestimmend man das Ganze formuliert und ein anderes Verhalten einfordert, muss man situationsbedingt entscheiden. Niemand hat das Recht, Sie in Ihrer Würde zu verletzen. Sollten Sie es entsprechend rüberbringen, kann Ihr Vorgesetzter sein Verhalten entweder überdenken oder Ihre Worte als frechen Widerspruch werten. Im zweiten Fall wissen Sie zumindest, woran Sie sind. Mit diesem Chef gibt es dann wohl keine gemeinsame Zukunft. Sich ständig (ungerechtfertigt) runterputzen zu lassen, kann es auf Dauer sicher nicht sein. Seien Sie in Ihrer Wortwahl wenn möglich freundlich, aber konsequent. Das zeigt dem Chef, dass man mit Ihnen Klartext sprechen kann – aber bitte auf eine vernünftige Art und Weise.

Kommen wir zu einem weiteren Typus des Vorgesetzten – dem selbst ernannten **Superstar**.
Ich bin sicher, dass Ihnen dieser Kandidat schon einmal über den Weg gelaufen ist. Er schreit zwar nicht so laut wie der Brüllaffe, ist aber nicht unbedingt sympathischer. Er schmückt sich nämlich gern mit fremden Federn und verkauft die

Ideen anderer gern als seine eigenen. Er genießt es, im Rampenlicht zu stehen und ist kreativ darin, einen normalen Vorfall als Geniestreich zu verkaufen. Nun gut, bis dato ist er vielleicht lediglich nervig, aber nicht wirklich bedrohlich. In seinem Fall liegt die Gefahr auch nicht in einer ungebührlichen Lautstärke, sondern eher in seiner oberflächlichen Arbeitsweise begründet. Da er sich für einen Nobelpreisträger hält, vergisst er über seine Selbstverliebtheit nämlich bisweilen, dass man dennoch zuhören muss und den Blick für das große Ganze nicht verlieren sollte.

Wie kann man mit diesem Kandidaten umgehen? Auch wenn es Ihnen innerlich widerstrebt – lassen Sie ihm seine Profilneurose. Die werden Sie ihm sicher nicht mehr austreiben. Seien Sie aber wachsam und fangen Sie ihn ggf. wieder ein, wenn er sich mal wieder zu sehr aufs Autogramme geben konzentriert. Verweisen Sie stattdessen darauf, dass man bestimmte Vorgänge anders lösen könnte. Davon könnten dann alle – in erster Linie natürlich er selbst – profitieren. Wenn er das Gefühl hat, dass Sie auf seiner Seite sind und ihm seinen Ruhm gönnen, kann man ganz gut mit ihm auskommen. Sie sind in der Lage, sich selbst vor unnötiger Zusatzarbeit schützen, indem Sie sein sprunghaftes Verhalten zunehmend besser einschätzen können. Steckt Substanz dahinter oder hat er sich auf seinem Weg zum Ruhm mal wieder verlaufen? In diesem Fall könnten Sie ihm mit einer Kosten/Nutzenanalyse verdeutlichen, dass er Sie ab und an mit ins Boot holen sollte, um Probleme zu vermeiden.

Der nächste Kandidat, den wir uns vornehmen wollen, ist der **Pedant**. Sein Arbeitstag ist besser organisiert als der Besuch des US Präsidenten. Ungeahnte Zwischenfälle stören sein Kunstwerk der perfekten Planung. Diesen Chefkandidaten sollten Sie nie mit überraschenden Ideen und Vorschlägen konfrontieren, da er damit womöglich seine eigene Zielsetzung gefährdet sieht. Falls er dennoch zuhört, wird er von Ihnen die gleiche Akribie erwarten wie er sie selbst vorlebt. Das bedeutet für Sie ständige Wachsamkeit und Konzentration. Solange Sie ihn nicht enttäuschen, haben Sie Ihre Ruhe. Wenn er aber spürt, dass Sie seinen Hang zur Genauigkeit nicht teilen, verlieren Sie für ihn an Wert.

Das birgt natürlich Probleme, da man sich selten frei fühlt und Fehler nicht geduldet werden. Für eigene Vorschläge bleibt wenig Platz. Der Vorteil ist seine Berechenbarkeit. So sehr seine Prinzipienreiterei auch nervt – man kann sich leichter darauf einstellen. Es ist auch einfacher, mit ihm Absprachen zu treffen.

Wenn Sie etwas mehr Vorbereitungszeit benötigen, schlagen Sie einen späteren Gesprächstermin vor, um das Ganze gezielter zu planen. Er wird sich darauf eher einlassen als der Schreier. Steht dann das Gespräch an, muss aber auch alles passen. Ansonsten verstößt man eben gegen seine Prinzipien – und das vergisst er nicht. Sinnvoll kann auch sein, ihn frühzeitig auf bestimmte Dinge hinzuweisen. Informieren Sie ihn über Zwischenstände. Das hilft ihm, seine für ihn so wichtigen Planungen zu perfektionieren und stärkt das Vertrauen in Sie und Ihre Solidarität.

Kommen wir zu einem weiteren Vorgesetztentypen, den ich Ihnen vorstellen möchte – auf den ersten Blick wirkt er zwar leicht konfus, aber nicht unsympathisch. Die Rede ist vom **Chaoten**. Wenn Sie sein Büro betreten, fühlen Sie sich womöglich an ein Silvester-Feuerwerk erinnert, da er eine Idee nach der nächsten abfeuert. Leider – oder auch zum Glück – verglühen sie mitunter genauso rasch wie eine Neujahrsrakete. Fundiert und durchdacht sind seine Einfälle nämlich meistens nicht. Er ist das genaue Gegenstück zum Pedanten. Er verzeiht Ihnen mehr Fehler, weil er es selbst nicht so genau nimmt. Dafür wissen Sie aber auch nie, woran Sie bei ihm sind. Verlässlichkeit ist für ihn ein Fremdwort.

Wie geht man mit ihm um? Auch hier gibt es natürlich kein Patentrezept. Sie sollten seinen Ideen aber nicht wild nachjagen. Es kann nämlich gut sein, dass er eine Stunde später alles wieder über den Haufen wirft. Sollte er Sie unter Druck setzen, da er seinen neuesten Einfall für das Nonplusultra hält, verweisen Sie ihn darauf, welche Konsequenzen damit verbunden sind. Sollen Sie dafür die aktuellen Aufträge hinten anstellen? Jetzt ist er gefordert, die Folgen seines Einfalls auch langfristiger einzuschätzen und eine Entscheidung zu treffen. Sie können ihm nur beikommen, wenn Sie entweder geduldig sind und warten, bis seine Ideen mal wieder verpuffen oder indem Sie ihn zu verbindlicheren Aussagen „zwingen“. Dies sollte natürlich mit Bedacht erfolgen, ansonsten fühlt er sich womöglich angegriffen und ist gekränkt.
Wichtige Absprachen könnten Sie schriftlich festhalten; das hilft gegen Vergesslichkeit und „Vertragsbruch“. Es gilt nämlich leider immer häufiger: Das gesprochene Wort hat heute den gleichen Wert wie ein alter Zwieback. Das trifft auf unseren sprunghaften Chaoten umso mehr zu.

Sie können sich seines Ideenfestivals erwehren, indem Sie einige konkrete Nachfragen stellen. Dann wird ihm womöglich selbst klar, dass er sich mit seinem jüngsten Geniestreich vergaloppiert hat. Sollte er sich hingegen wirklich in eine Idee verlieben und Sie dem Ganzen auch Substanz abgewinnen können, unterstützen Sie ihn mit vollen Kräften. Das wird ihm schmeicheln und möglicherweise profitieren Sie auch von einer erfolgreichen Umsetzung. Der Chaot strebt nämlich anders als der Selbstdarsteller nicht unbedingt nach alleinigem Ruhm.

Der letzte Kandidat in dieser illustren Runde der Vorgesetzten, mit denen wir uns so rumschlagen müssen, ist der **Feigling**.

Er gehört wohl zu den bekanntesten Cheftypen. Er ist kein schlechter Kerl, trifft jedoch ungern Entscheidungen und drückt sich lieber, wenn es unangenehm wird. Gerät er in die Enge, mutiert er gern mal zum Phantom und ward nicht mehr gesehen. Er ist seinem Führungsauftrag hinten und vorne nicht gewachsen und hält sich am liebsten aus allem raus.
So befremdlich es klingen mag: Sie müssen ihn ein Stück weit „an die Hand nehmen“. Er mag fachlich gut sein. Irgendeinen Grund muss es ja haben, dass er diese Position einnimmt. Aber führen kann er einfach nicht. Das sollten dann eher Sie übernehmen. Hier gilt es, die richtige Mischung zu finden. Einerseits muss man an seinen Führungsauftrag erinnern, damit er ihn auch nicht vergisst. Sie sollten ihm keine Schlupflöcher erlauben, da er diese gern nutzt, um sich seiner Verantwortung zu entziehen. Anderseits macht ihm zuviel Druck Angst. Dann können Sie von ihm womöglich überhaupt keine Handlungsbereitschaft mehr erwarten.

Im Gegensatz zum Chaoten, dem man die Konsequenzen seiner wilden Kreativität deutlich vor Augen führen sollte, ist es ratsam, dem Feigling nicht bis ins letzte Detail vorzurechnen, was alles passieren kann. Stattdessen wäre es sinnvoll, ihm die Sorge vor schwerwiegenden Konsequenzen zu nehmen. Was kann schon passieren, wenn er mal seine Meinung sagt?

Signalisieren Sie Kompromissbereitschaft. Sie sind bereit, ein schwieriges Kundengespräch zu führen, erwarten dafür aber im Gegenzug seinen Einsatz in einer anderen Angelegenheit. Vielleicht können Sie ihn locken, indem Sie seine besonnene Haltung loben. Gerade deshalb sei er prädestiniert, Entscheidungen zu treffen.

Man könnte sicher noch andere Chefprofile ermitteln, aber die genannten Kandidaten dürften uns allen wohlbekannt sein. Bitte sehen Sie die geäußerten Hinweise nicht als tatsächliche Handlungsanleitung, sondern lediglich als Hilfestellung an. Natürlich kann man das Ganze nicht eins zu eins in die Praxis übertragen. Überhaupt kann es nur dann funktionieren, wenn die Karre noch nicht vollkommen verfahren ist. Bei massivem Mobbing, das vom Chef ausgeht, wird eine sachliche Auseinandersetzung äußerst schwer.

Sie werden sich vielleicht generell fragen, was das Ganze mit Mobbing zu tun hat. Klar gibt es schwierige Chefs; wir haben ja nun bereits einige Kandidaten vorgestellt. Aber der Feigling oder der Chaot sind doch keine klassischen Mobber, werden Sie sagen – und das ist auch sicher richtig. Es geht mir aber vor allem darum aufzuzeigen, dass das Betriebsklima und der Erfolg des Unternehmens mit den Qualitäten des Chefs steht und fällt. Nicht umsonst spricht man davon, dass der Fisch meist am Kopf anfängt zu stinken. Der Vorgesetzte gibt den Takt an und vermittelt, welche Unternehmenskultur gelebt wird. Und hier schaffen manche Chefs durch eine unsouveräne Haltung, oftmals gar nicht böse gemeint, den Nährboden für Konflikte. Wenn ein unkontrollierter Konkurrenzkampf entsteht, der von Vorgesetztenseite gefördert wird, ist Mobbing vorprogrammiert.

Nicht umsonst haben wir darauf verwiesen, dass Führungskräfte häufig ins Mobbing verstrickt sind – sei es auch nur, weil sie damit nicht richtig umgehen können oder wollen. Hier hat auch der an sich harmlose Feigling seinen Anteil daran, manchmal unter Umständen sogar mehr als der Schreihals.

Nur zur Klarstellung: Auch wenn ich hier vielleicht politisch etwas unkorrekt von einer „Bedienungsanleitung“ für Chefs gesprochen habe, so gelten diese Hinweise selbstverständlich genauso für weibliche Führungskräfte. Auch unter denen gibt es unerträgliche Selbstdarsteller(innen) oder schreiende Profilneurotiker(innen).

Können wir – neben der Prüfung, was für ein Typ unser Vorgesetzter ist – nun konkret etwas gegen seine überfallartigen Arbeitsaufträge unternehmen? Ich denke schon. Wie wäre es zunächst mit einer kurzen Selbstanalyse? Diese könnte helfen, sich aus der passiven Opferrolle zu befreien.

Nehmen wir an, Sie werden vom Vorgesetzten für ihr schleppendes Arbeitstempo kritisiert. Wie geht man damit um? Sie können jetzt beleidigt sein. Sie können sich aber auch hinterfragen. Arbeite ich vielleicht tatsächlich nicht effektiv genug? Womöglich arbeite ich auch zu gründlich. Dies sollte man für sich selbst reflektieren.
Nochmals: Es geht hier nicht darum, Betroffenen einen Eigenanteil am Geschehen zuzuschreiben. Und dieses persönliche Hinterfragen sollte „gesund" bleiben. Selbstreflektion bedeutet nicht Selbstzweifel – und schon gar nicht vernichtende Selbstkritik. Ich spreche von einer sachlichen Auseinandersetzung mit der Situation und den eigenen Möglichkeiten, diese (für sich) zu verbessern. Und hierbei hilft aktives Handeln weitaus mehr als stilles Verharren in der Resignation.

Fahren wir fort: Was wäre zu tun, wenn der Chef mich stetig kontrolliert? Das kann natürlich an seinem Typus als Prinzipienreiter liegen. Womöglich stimme ich aber einiges tatsächlich nicht mit ihm ab. Neige ich also hier und da zu Alleingängen?

Wenn ich ständig den Eindruck habe, dass man meine Grenzen überschreitet, sollte man sich fragen: Wirke ich selbstbewusst genug? Oder missachtet man meine Grenze, weil ich sie nicht deutlich genug ziehe? Auch hier kann man bestimmte Zwischenfälle vermeiden oder sich selbst konsequenter davor schützen. Sicherlich muss man lernen, einen kleinen persönlichen „Schutzwall" zu errichten. Ich kenne z.B. Mitarbeiter, die bei einem plötzlichen Auftrag ihres Vorgesetzten nicht gleich jubelnd und bestätigend aufspringen, sondern erst einmal um Bedenkzeit bitten. Anschließend kontaktieren sie ihn wieder und weisen darauf hin, dass das Einschieben der Arbeit zwar möglich wäre, aber Zeit in Anspruch nimmt. Aktuelle Aufträge könnten darunter leiden und müssten erst einmal „eingefroren" werden. Dies könnte Sie vor zukünftigen „Überfällen" schützen und signalisiert gleichzeitig, dass Sie verantwortungsvoll handeln und sich Gedanken bezüglich einer möglichen Umsetzbarkeit machen.
Sollten Sie jedoch immer und überall erreichbar sein und die Kastanien für Ihren Chef sogar nach Dienstzeit noch wie selbstverständlich aus dem Feuer holen, fördern Sie seinen chaotischen Führungsstil möglicherweise sogar. Ihre Gewissenhaftigkeit erweist Ihnen schließlich einen Bärendienst, weil der Chef sich blind darauf verlässt, dass Sie ohnehin stets den verlässlichen Klempner spielen.

Ganz ernsthaft: Glauben Sie er wird es Ihnen aufrichtig danken? Sie kennen das mit dem Mohr, der irgendwann seine Schuldigkeit getan hat? Wenn Sie konsequenter Grenzen setzen, dürfte Ihnen das mehr Respekt einbringen als das verlässliche Löschen des Feuers. Das kann man lernen, auch wenn es bisweilen ein langer, schmerzhafter Prozess ist.

Im Fall einer offenen Kommunikationskultur kann man auch Verbesserungsvorschläge machen. Hierbei sollte man nicht unbedingt auf plumpe Weise signalisieren, dass sich der Vorgesetzte wie die Axt im Walde präsentiert, sondern lieber darauf verweisen, dass ein intensiverer Austausch und eine liberalere Haltung allen zugute kommen könnte. Ein effizienterer Austausch, der letztlich eine bessere Produktivität und Qualität gewährleisten kann, sollte Ihren Boss überzeugen, sofern er dafür keine Privilegien opfern muss.

Haben Sie manchmal das Gefühl, dass es Sie härter trifft als andere? Warum nur bekommt Kollege Schmitz die Chef-Keule nicht so häufig ab? Hier könnte sinnvoll sein, Handlungsweisen von Kollegen zu studieren, die besser mit dem Chef auskommen. Was machen sie anders? Könnten Sie sich etwas „abschauen"? Nicht falsch verstehen – Sie sollen das Verhalten anderer Mitarbeiter nicht kopieren. Jeder muss seinen eigenen Weg finden, aber warum sollte man sich nicht ein paar „Anregungen" holen?

Aber was tun, wenn der Big Boss Defizite aufweist? „Nobody is perfect" – nicht mal Ihr Chef. Sie und ich wissen das, er womöglich nicht (Sie erinnern sich noch an unseren Vorgesetzten Marke Superstar). Ihm zu signalisieren, dass er eben doch nicht die Goldmedaille um den Hals trägt, könnte strategisch unklug sein. Man kann ihm aber Unterstützung zusagen und damit dessen Schwächen ausgleichen, ohne ihn das überdeutlich spüren zu lassen. Sollte Ihr Chef zum Beispiel ein geographischer Analphabet sein, der nicht gerne „auf Achse" ist, so könnten Sie anbieten, ihm Außentermine abzunehmen.
Ist er ein Techniknarr und Sie haben hier Ihre Fähigkeiten, so bieten Sie ihm unverbindlich Unterstützung an – mit ein bisschen Glück machen Sie sich für ihn damit (fast) unverzichtbar.

Viele Mitarbeiter klagen darüber, dass sie vom Vorgesetzten nur selten eine Rückmeldung erhalten. Das kann enorm verunsichern, weil jeder gern wüsste, wo er steht. Auch hier ist man nicht vollkommen hilflos. Warum nicht selbst

nachhaken und den Chef zu einer Aussage „zwingen"? Erntet man ein Lob, hilft das dem eigenen Ego und – sind wir mal ehrlich – ein bisschen eitel sind wir doch alle.
Sieht man sich Kritik ausgesetzt, so kann man zumindest ableiten, was dem Vorgesetzten wichtig erscheint. Das hilft, bei zukünftigen Projekten die richtigen Schwerpunkte zu finden, um es besser zu machen. Sich mit den eigenen Schwächen auseinanderzusetzen, sollte einen verantwortungsvollen Chef durchaus überzeugen.

Ein letzter Punkt, den ich gern ansprechen möchte, bezieht sich auf die Grenzüberschreitungen von Vorgesetztenseite. Hier haben Chefs und kleine Kinder eine unangenehme Gemeinsamkeit: Sie testen gerne aus, wie weit man beim Gegenüber gehen kann. Während es sich bei Kindern um ein eher harmloses, aber wohl notwendiges Entwicklungsstadium der Sozialisation handelt, liegt beim Chef eine berechnende Haltung zugrunde, die meist nur einem Ziel dient - Sie auszupressen wie eine Zitrone. Wenn Sie sich in so einer Situation befinden und dem Chef den kleinen Finger reichen, nimmt er gern die ganze Hand und gibt sie so schnell nicht wieder her.
Hier sind Sie gefordert, schnellstmöglich gegenzusteuern. Reißt dieser persönliche Schutzwall erstmal ein, ist er nur schwerlich wieder aufzubauen. Auch das ist natürlich leichter gesagt als getan. Insbesondere wenn man neu zu einem Unternehmen stößt, möchte man einen guten Eindruck hinterlassen und übernimmt hier und da Aufgaben, die über die „normalen" Verpflichtungen hinausgehen. Bis zu einem gesunden Maß ist das auch vollkommen in Ordnung. Man sollte sich aber nicht über Gebühr ausnutzen lassen, weil es dann schwer fällt, wieder einen Schritt zurück zu machen. Man wird gewissermaßen Opfer seiner eigenen Gutmütigkeit und erlebt den Fluch der guten Tat.

Stattdessen ist es unverzichtbar, sich vor bestimmten Grenzüberschreitungen zu schützen und dies auch deutlich zu machen. Wie dies geschehen kann, haben wir beim „Schreier" ja bereits skizziert. Sollte der Chef die von Ihnen benannten Grenzen nicht akzeptieren, sind Sie am Zug. Ihre Zusammenarbeit ist – wie der Name schon sagt – ein Gemeinschaftsprojekt und keine Einbahnstraße, die nur Ihr Vorgesetzter befährt. Sie müssen sich genauso für ihn aussprechen wie er sich für Sie. Hier werden die Weichen meist schon sehr früh gestellt – oder eben auch verstellt. Es gilt, die kleinen Botschaften und Signale zu deuten. Neigt Ihr Chef zu Monologen oder ist er wirklich an Ihnen interessiert? Zeigt er sich kritisch oder offen? Kleinigkeiten verraten oft bereits eine Menge – und lassen nicht selten tief blicken.

Beobachten Sie, ob mit zweierlei Maß gemessen wird. Wer den Bewerber höflich empfängt, aber den Auszubildenden auf dem Büroflur zusammenstaucht, spielt womöglich Theater. Der erste Eindruck ist wichtig – und eben nicht nur Gelegenheit für den Vorgesetzten, Sie näher kennenzulernen, sondern auch Ihre Chance, wichtige Informationen zu erspüren. Vielleicht könnten Sie Probearbeiten, um ein besseres Bild der Arbeitsbedingungen zu gewinnen. Unabhängig von dieser Möglichkeit haben Sie die Gelegenheit, einiges zu erkennen: Wie motiviert scheinen langjährige Mitarbeiter, die schon eine Weile Teil des Systems sind? Wirkt die gesamte Atmosphäre freundlich und lebendig oder herrscht Friedhofstimmung? Ist letzteres der Fall, dann könnte etwas nicht stimmen – womöglich mit dem Chef.

Wichtig: Sie entscheiden sich nicht nur für den Arbeitgeber, sondern auch für den Chef – oder eben dagegen. Auch das kann klug sein.

16. Angst vor Veränderung?

Der Mensch ist ein Gewohnheitstier. Diese Floskel geht uns allen gelegentlich über die Lippen. Wie sehr sie unser Leben tatsächlich bestimmt, ist uns aber vielfach nicht bewusst. Wir alle tun uns gelegentlich schwer mit Veränderungen – sei es im Privatleben oder in der Arbeitswelt. Vielleicht bleiben wir deshalb dennoch vielfach beim Partner, obwohl die Beziehung längst ausgebrannt ist. Wahrscheinlich haben wir deshalb auch Angst, den Job zu wechseln. Man kennt die Umstände, weiß woran man ist. Womöglich ist es woanders noch schlimmer? Alles Neue bringt zwar frische Perspektiven, aber auch Ungewissheit und Risiken.

Als „ Wärme der vertrauten Scheiße“ hat das einmal ein Betroffener bezeichnet.

Nein, ich bin hier nicht als ultramoderner Berufsberater unterwegs, der von Ihnen ständige Mobilität und ein Umziehen vom hohen Norden in den tiefsten Süden verlangt, wenn die Arbeit das erfordert. Ich möchte lediglich vermitteln, dass die berufliche Veränderung nicht nur eine Erleichterung, sondern im Mobbingfall gar eine Erlösung sein kann. Der eigene Entschluss dazu ist für das persönliche Wohlbefinden immer besser als das stille Verharren in einer Situation oder eine Kündigung durch den Arbeitgeber, die vor den Kopf stößt. „Entsorgt“ zu werden, ist für die Betroffenen oftmals sehr schwer zu verkraften.
Kommen Sie Ihrem Gegner zuvor und entscheiden Sie selbst über Ihr Leben. Diese Möglichkeit haben Sie immer – egal, wie verfahren die Situation auch scheint. Gleichwohl rate ich grundsätzlich nicht zu einer vorschnellen eigenen Kündigung. Danach droht Ihnen eine Sperre durch das Arbeitsamt, wenngleich sich die Mitarbeiter bei triftigen Gründen durchaus verständnisvoll zeigen. Im Idealfall ziehen Sie selbst mit breiter Brust einen Schlussstrich, wenn Sie eine berufliche Alternative haben.

Ich zeige mich manchmal verwundert, wie lange Menschen einen quälenden, gar zermürbenden Zustand aushalten. Natürlich weiß ich um die Zwänge, in denen wir alle stecken. Wir haben Familien zu versorgen oder Häuser zu finanzieren, und doch sollte unsere Gesundheit und ein wenig Lebensqualität dem Eigenschutz dienen. Was wir uns selbst gelegentlich zumuten, würden wir kaum einem anderen Menschen antun.
Und unterschätzen Sie bitte nicht die Narben, die jahrelanges Mobbing hinterlassen kann. Bei einem Fußballer spricht man häufiger davon, dass seine voll-

ständige Genesung inklusive Rückgewinnung der alten Form mindestens genauso lange dauert wie die Verletzungspause an sich. Nun rechnen Sie bitte selbst, wieviel Zeit Sie benötigen, um sich von jahrelangem Psychoterror zu erholen. Seelische Verletzungen heilen ohnehin langsamer als körperliche Wunden.

Ich möchte Ihnen damit keine Angst machen. Ich will Sie nur davor warnen, zu lange in einer schier aussichtslosen Lage zu verharren und sich selbst damit täglich neuen Qualen auszusetzen. Es gibt Möglichkeiten, neue Wege zu gehen – sei es eine berufliche Reha oder eine Arbeitstherapie. Ich kenne Betroffene, die über eine Umschulung wieder Fuß gefasst haben. Und die Ärzte, mit denen ich zusammen arbeite, schützen „ihre" Patienten, indem sie eine Bescheinigung ausstellen, die auf den gesundheitlichen Selbstschutz verweist. Danach folgt im Normalfall auch keine Sperre.

Eines haben fast alle Opfer, die ihrem mobbenden Arbeitgeber den Rücken kehrten, gemeinsam: Sie sind froh, diesen Weg gegangen zu sein. Aber fast alle haben auch eingeräumt, dass sie zu lange mit einer Entscheidung gewartet haben. Mir ist noch in Erinnerung, wie eine Betroffene vor einigen Jahren zu mir kam. Am Telefon war sie sehr verzweifelt, und es flossen viele Tränen. Beim persönlichen Gespräch einige Tage später wirkte sie jedoch unglaublich befreit und strahlte sogar. Als ich sie fragte, was passiert sei, antwortete sie freudestrahlend und aus tiefem Herzen: „Ich werde kündigen!" Es hatte plötzlich klick gemacht und eine Last fiel von ihr ab. Später schickte sie mir eine Karte aus der Kur, in der sie noch einmal die Richtigkeit ihrer Entscheidung bekräftigte.

Haben Sie schon einmal vom „Pinguinmodell" gehört? Ein Pinguin wirkt „auf dem Trockenen" sehr unbeholfen und schwerfällig, im Wasser ist er jedoch ungemein wendig und geschmeidig. Finden Sie heraus, wo Ihre nächste „Wasserstelle" ist. Verlassen Sie das Glatteis und begeben Sie sich auf ein Terrain, das Ihre Qualitäten fördert.

Natürlich ist einiges, das ich angesprochen habe, nicht so einfach zu verallgemeinern – und nicht jeder ist einfach so in der Lage, „die Brocken hinzuschmeißen". Ich kann Ihnen ja nur aus meiner Praxis berichten, und da ist bei so manchem aus einer teuflischen Lage etwas Positives gewachsen – Mut zur Veränderung vorausgesetzt.

17. Wer ist der Regisseur?

Es gibt viele bekannte und erfolgreiche Regisseure oder Filmproduzenten, aber nur einer hat das Recht, das Drehbuch für Ihr Leben zu erstellen und das sind Sie selbst. Wenn ich Sie aber frage – und ich bitte um eine ehrliche Antwort – wer zuletzt das Drehbuch für Ihr Leben geschrieben hat, auf wen würden Sie dann verweisen?
Ich möchte die Frage anders stellen: Wer ist der wichtigste Mensch für Sie? Die meisten – und da stellen Sie wahrscheinlich keine Ausnahme dar – antworten dann mit „mein Kind“ oder „mein Partner“. Sie sind aber auch noch da und wenn es Ihnen nicht gut geht, leiden die Menschen um Sie herum gewiss auch. Ich möchte aber einmal dreist behaupten, dass zuletzt weder Ihre Familie noch Sie selbst die Hauptrolle in Ihrem Leben übernommen haben. Die hat eher Ihr Chef oder ein mobbender Kollege ausgefüllt – und meist endet die Regiearbeit nicht nach Dienstschluss, sondern setzt sich auch im Privatleben fort. Oder wollen Sie abstreiten, dass der Mobber Sie auch ins Kino oder beim Einkaufen begleitet? Nicht dass er Ihnen ständig nachstellt (wobei mir auch diese Fälle bekannt sind), aber im übertragenen Sinne ist er immer für Sie da – jedoch nicht positiv wie ein über Sie wachender Schutzengel, sondern eher wie ein böser Geist, der Sie nicht in Ruhe lässt.

Wie lautet nun der Titel Ihres Lebens? „Eine Frau geht Ihren Weg?“ oder „Ein Mann kämpft für sein Recht?“

Ich fürchte, der Titel heißt eher „Am Ende meiner Kräfte“ oder „Ich fühle mich verfolgt.“ Vergessen Sie bitte nie: Egal, wie aussichtslos die Lage erscheint und wie stark der Chef oder Kollege über Ihr Leben bestimmt - letztlich entscheiden Sie, wie der Titel Ihres Lebens lauten soll. Niemand darf Sie zur Hauptfigur in seinem Film machen – schon gar nicht, wenn es sich um einen Horrorstreifen handelt und Ihnen die zugedachte Hauptrolle große Angst macht.

Wenn Sie das Gefühl haben, dass Ihnen die Kontrolle zunehmend entgleitet, müssen Sie etwas dagegen unternehmen. Ansonsten leben Sie in einer fatalen gedanklichen Spirale, die immer schwieriger zu lösen ist.
Der wichtigste Schritt besteht darin, wieder selbstbestimmt zu handeln. Befreien Sie sich aus Ihrer passiven Opferrolle! Nur so gewinnen Sie an Lebensqualität und werden wieder zum Regisseur für Ihr eigenes Leben.

18. So können Sie nicht gewinnen

Ehrlich währt am längsten. So wurde es mir – wahrscheinlich genauso wie Ihnen – von meinen Eltern beigebracht. Was im täglichen Leben zu den Grundregeln des menschlichen Umgangs zählt, scheint beim Mobbing aber verflucht nochmal nicht zu funktionieren. Die Mobber sind nämlich geradezu darauf spezialisiert, Ihre Ehrlichkeit gnadenlos auszunutzen.
Ich hatte Ihnen ja vorhin vom älteren Herrn erzählt, der von seiner jungen Vorgesetzten hinsichtlich des Toilettenschlüssels immer wieder zum perfiden Machtspiel gezwungen wurde. Dies ist leider kein Einzelfall. Mitunter scheint das Ganze für Mobber tatsächlich ein perverses „Spiel" zu sein. Leider bestimmt hier der Falsche die Regeln. Lassen Sie es mich erläutern: Haben Sie schonmal gegen jemanden gespielt, der mit gezinkten Karten am Tisch saß? Und, haben Sie gewonnen? Sicher nicht, es sei denn Sie sind Ihrem Gegner zuvor gekommen und haben ihn entlarvt.

Beim Mobbing ist es nicht anders. Sie treten gegen Kontrahenten an, die ständig Regeln brechen. Glauben Sie, dass Mobber nach moralischen Gesichtspunkten handeln? Mobber studieren kein faires Regelwerk. Sie konzentrieren sich stattdessen darauf, Ihnen die guten Karten zu nehmen und die eigenen Trümpfe auszuspielen. Wenn er Sie dafür so lange treten oder schlagen muss, bis Ihnen die guten Karten aus der Hand fallen, dann wird der Mobber genau das tun.
Ich fordere Sie nicht auf, selbst zum Zinker oder Regelbrecher zu werden, aber wenn mich jemand ständig piesackt und quält, dann bin ich irgendwann auch nicht mehr bereit, ihn mit Samthandschuhen anzufassen.

Ein ehemaliges Mitglied unserer Selbsthilfegruppe wurde so lange getreten, bis er die Schnauze gestrichen voll hatte. Er drehte schließlich den Spieß um, ließ sich nicht weiter bedrohen. Stattdessen begann er das Regelwerk zu bestimmen. Sollte der Arbeitgeber ihm nicht die Versetzung in eine andere Abteilung ermöglichen, werde er an die Öffentlichkeit gehen. Er sei mit einem Journalisten befreundet, für den das Ganze ein gefundenes Fressen wäre. Ich weiß nicht, ob das Ganze ein großer Bluff des Gemobbten war. Auf jeden Fall erregte er damit großes Aufsehen innerhalb des Unternehmens und wenn man nicht gerade eine Popband ist, die gezielt auf Prügelexzesse und Negativschlagzeilen setzt, meidet man schlechte Presse lieber.

Konsequenz: Die Versetzung wurde ihm tatsächlich bewilligt. In der neuen Abteilung habe er nun seine Ruhe, und die alten Kollegen meiden ihn in den Mittagspausen mehr als der Teufel das Weihwasser.
Vielleicht ist Ihr Arbeitgeber mittlerweile so sehr degeneriert, dass ihn auch ein übler Ruf nicht mehr schert, aber den meisten liegt schon daran, zumindest nach außen gut da zu stehen.

Bitte verstehen Sie mich nicht falsch: Dieses Kapitel soll gewiss keine Aufforderung zu einer „Gegendrohung" sein. So etwas ist allein juristisch heikel und sollte gründlich überdacht werden.

Meine Botschaft ist eine andere. Was ich Ihnen mit auf den Weg geben will, ist dies:

Ziehen Sie eine Grenze. Lassen Sie nicht zu, dass der Mobber Sie immer und immer wieder über den Tisch zieht. Auch Sie haben das Recht und die Chance, sich zu wehren. Sie sollen nicht zum Betrüger werden, aber seelenruhig zuschauen, wie der Mobber die Regeln immer mehr außer Kraft setzt und zunehmend seine Skrupel verliert, sollen Sie auch nicht. Spielen Sie nach eigenen Regeln, oder modifizieren Sie das Ganze doch ein wenig. Damit begeben Sie sich noch lange nicht auf das Niveau des Mobbers, der Ihnen dieses perverse Machtspiel schließlich aufgezwungen hat.
Am wichtigsten ist hierbei, dem Gegner wenn möglich einen Schritt voraus zu sein. Das ist natürlich sehr schwer und erfordert große Wachsamkeit, aber es gibt aus meiner Sicht kaum einen anderen Weg. Dauerhaft „hinterher" laufen zu müssen, kostet nicht nur Kraft. Es verringert auch Ihre Fehlertoleranz. Wer jedoch auf Augenhöhe oder gar vorn liegt, kann sich eher mal einen Patzer erlauben. Wenn Sie Ihre(n) Gegner und die Manöver kennen, können Sie geeignete Gegenmittel ergreifen und die Gegenseite zu höherem Risiko zwingen. Dann fällt vielleicht auch der cleverste Fälscher irgendwann auf und verliert die Nerven. Sie sollten nämlich nicht vergessen, dass auch der Mobber mitunter ein gefährliches Spiel treibt. Gelingt es Ihnen, diesen zu entlarven, sitzen Sie auf der richtigen Seite des Spieltischs.

19. Das kleine Anti-Mobbing-ABC

Würden wir ein „Mobbing-ABC“ erstellen, ginge das wohl rasend schnell. Die Liste der Gemeinheiten ginge von A wie Angreifen bis Z wie Zynismus. Ich habe mir aber die „künstlerische Freiheit“ genommen, ein Anti-Mobbing-ABC zu erstellen. Dies soll eine Art Checkliste gegen Mobbing ermöglichen und ist hoffentlich sinnvoller, als uns mit der Vielfalt von Bösartigkeiten zu beschäftigen.
Wir haben uns bei einem Vortrag tatsächlich einmal vorgenommen, ein Mobbing-ABC auf der einen Seite und das entsprechende Gegenstück dazu – also ein Anti-Mobbing-ABC – auf der anderen Seite zu entwerfen. Das Mobbing-ABC war leider deutlich schneller komplett als unser viel wichtigeres und nützlicheres Gegenstück. Offenbar fällt es den meisten von uns also tatsächlich leichter, Bösartigkeiten zu „kultivieren“. Ein bisschen erschreckend war das schon. Schlummert also in jedem von uns ein Mobber oder sind es einfach negative Erfahrungen mit unseren Mitmenschen, die uns so geprägt haben?

Lassen Sie uns das besser nicht zu sehr vertiefen und lieber mit dem

A wie Anfang beginnen: „Wehret den Anfängen“, „Aller Anfang ist schwer“, „jedem Anfang wohnt ein Zauber inne“ ...

Egal, welche Redewendung oder Vorstellung Sie mit diesem Begriff verbinden - sicher ist ein Neubeginn immer Chance und Risiko zugleich. In jedem Fall werden zu Beginn die Weichen gestellt. Als neuen Mitarbeiter prüft man Sie erst einmal. Bekommen Sie einen Kollegen, werden Sie diesen auch erstmal ein Stück weit testen – wie ist er drauf? Versteht er Spaß oder müssen Sie sich jeden Satz dreimal überlegen, bevor Sie ihn aussprechen?
Der Anfang ist aber auch eine wertvolle Gelegenheit, sich in eine gute Position zu bringen. Sie können durch Ihre Persönlichkeit überzeugen – mit Fachwissen, aber auch mit Humor und Souveränität. Ein geglückter Beginn oder auch Neustart ist also eine entscheidende Komponente hinsichtlich der Vermeidung von Mobbing.

Auch für „Nicht-Anfänger“ gibt es ein wichtiges A – nämlich das

A wie Ansprechpartner: Als Mobbingopfer fühlt man sich oft allein. Die meisten Betroffenen erreichen irgendwann einen Punkt, an dem sie ohne entsprechende Ansprechpartner nicht weiterkommen. Da ist es umso wichtiger, fähige Fachkräfte an seiner Seite zu wissen, auf die man bauen kann. An wen man sich als Betroffener innerbetrieblich und extern wenden kann, haben wir ja bereits ausführlich beschrieben.

Machen wir doch weiter mit dem

B wie Besonnenheit: Nicht jeder unangenehme Zwischenfall ist Mobbing. Manchmal schießt ein Kollege übers Ziel hinaus, oder man bekommt etwas in den falschen Hals. Wer gekränkt wird, neigt jedoch häufig zu überhasteten Reaktionen. Schnellschüsse sind aber in angespanntem Zustand oftmals fatal. Stattdessen gilt es, kontrolliert zu handeln und keine folgenschweren Fehler zu machen. Erhalten Sie bspw. eine Abmahnung, die Sie vollkommen aus der Bahn wirft, schlafen Sie erst einmal eine Nacht drüber oder lassen Sie das Ganze prüfen, anstatt hektisch darauf zu reagieren und sofort eine Rechtfertigungshaltung einzunehmen. Genau das spielt Mobbern nämlich in die Karten. Eine abgeklärte Haltung verunsichert Angreifer hingegen.
Verstehen Sie mich bitte nicht falsch: Ich habe größtes Verständnis für Ihre Ängste und empfundenen Kränkungen. Ich bin weit davon entfernt, das klein zu reden. Ihr Gegner sollte diese Gefühle aber wenn möglich nicht gleich wittern. Spielen Sie ihm nicht unnötig in die Karten. Es ist also sinnvoll, zumindest äußerlich Ruhe zu bewahren. Nichts desto Trotz gilt es, im tatsächlichen Mobbingfall möglichst rasch zu handeln. Dies werden wir später noch ausführen.

Das **C wie Courage** sollten sich alle Beteiligten auf die Fahne schreiben. Der Betroffene ist selbst gefordert, für seine Rechte zu kämpfen. Wenn er es nicht macht, wird es kaum ein anderer für ihn tun. Aber darf man auch von Kollegen erwarten, dass sie bei erlebtem Mobbing eingreifen? Vielleicht ist es nicht unbedingt realistisch, ein wichtiges Signal gegen Mobbing wäre es aber allemal.

Couragiert muss auch der Vorgesetzte sein, indem er eine klare Haltung gegen Mobbing vorlebt. Dazu gehört erst einmal, das Thema überhaupt zu benennen und offen darüber zu sprechen. Das allein erfordert Mut, denn meist umgehen Führungskräfte die Auseinandersetzung mit diesem „heißen Eisen". Wer verbrennt sich schon gern die Finger? Wenn man es trotzdem wagt, verdient das Respekt und Anerkennung.

D wie Deadline: Es gibt kaum etwas Schlimmeres, als dauerhaft in der Luft zu hängen. Unsicherheit hinsichtlich der eigenen Zukunft kann lähmend wirken und Ängste auslösen.
Einige von Ihnen kennen wahrscheinlich das Gefühl der Hilflosigkeit, wenn man sich dem Chef oder Kollegen ausgeliefert fühlt. Was haben sie mit mir vor? Wann folgt der nächste Angriff?
Überlassen Sie Ihr Schicksal nicht den Gegnern! Sie sollten entscheiden, wie es mit Ihrem (Berufs-)Leben weitergeht. Deshalb plädiere ich für eine „Deadline“ – einen Zeitpunkt, der für Sie perspektivisch richtungsweisend wird. So könnte man sich im Frühjahr den Herbst zum Ziel setzen. In diesem Zeitfenster prüfen Sie Ihre Optionen. Ist eine betriebliche Einigung noch denkbar oder orientiere ich mich besser neu? Wenn Sie sich einen solchen Zeitpunkt setzen, erspart Ihnen das womöglich eine nicht enden wollende Leidensgeschichte.
Leider tritt diese Fragestellung i.d.R. erst auf, wenn bereits vieles vorgefallen ist und noch größerer Schaden abgewendet werden sollte. Setzt man sich nämlich zu lange einer Mobbingsituation aus und verpasst den rechtzeitigen „Absprung“, kann dies langfristige gesundheitliche und soziale Folgen haben.

E wie Entschlossenheit: Wenn man etwas gegen Mobbing unternehmen möchte, sollte man es konsequent tun – und dies steht und fällt mit der Unternehmensleitung. Installiere ich bspw. eine Anti-Mobbing-Betriebsvereinbarung, in der ich mich des Themas annehme, dann muss ich das Ganze auch in der Praxis leben. Ansonsten ist es reine Alibi Maßnahme, die im Mobbingfall ergebnislos verpufft.
Diese Pflicht haben auch betriebliche Gremien wie der Betriebsrat oder die MAV. Tritt ein Mobbingopfer an sie heran, sollten diese unverzüglich aktiv werden und die Vorfälle prüfen, um im tatsächlichen Mobbingfall schnellstmöglich dagegen vorzugehen.
Man kann (und sollte) sich der Problematik auch auf Betriebsversammlungen annehmen. Entscheidend ist eine gezielte Auseinandersetzung mit dem Thema und der Tragweite des Mobbinggeschehens.

F wie Fürsorge: Dieser Punkt ist in mehrfacher Hinsicht bedeutsam - zum einen muss jeder Mensch die Verantwortung für sein eigenes Leben tragen und im

wahrsten Wortsinn für sich sorgen. Darüber hinaus spielt die Fürsorgepflicht des Arbeitgebers beim Mobbing eine entscheidende Rolle.
Zunächst einmal sind wir also selbst gefordert, auf uns zu achten und nicht ständig über unsere Kräfte zu gehen. Ich weiß: Das ist leicht gesagt, aber nicht immer umsetzbar. Wir sehen uns täglich vielen Herausforderungen ausgesetzt und sind nicht in der Lage, alle zu meistern. Das ist verständlich. Gehen wir aber schon geschwächt in die Höhle des Löwen, machen wir es ihm nur allzu leicht. Kümmern Sie sich also darum, für den Mobber nicht gleich ein gefundenes Fressen darzustellen. Schützen Sie sich und Ihre Gesundheit – bspw. durch ausreichend Bewegung und eine gesunde Ernährung. Sport macht „die Birne frei" und hilft bei der Bewältigung mancher Krise. Wer eine Fahrradtour macht und danach ein entspanntes Saunabad nimmt, tut schon eine Menge für das eigene Wohlbefinden.

Wir sind uns aber sicher einig, dass die beste eigene Fürsorge scheitert, wenn der Mobber Ihre Arbeit gezielt manipuliert. Deshalb ist die betriebliche Fürsorgepflicht des Arbeitgebers ein umso bedeutenderer Faktor. Ihr Arbeitgeber ist gesetzlich verpflichtet, Bedingungen zu schaffen, die ein würdevolles Arbeiten ermöglichen und Mobbing unterbinden.
Dass viele Arbeitgeber dies nicht verinnerlicht haben und es an der Umsetzung hapert, steht auf einem anderen Blatt; hier gibt es sicher noch großen Nachholbedarf. In jedem Fall ist die betriebliche Fürsorge eine entscheidende Stellschraube gegen Mobbing – vorausgesetzt es wird entsprechend umgesetzt. Auch in Gerichtsprozessen ist diese Verantwortung des Arbeitgebers häufig ein Thema. Es wäre aber sicher wünschenswert, frühzeitiger anzusetzen und Mobbing gar nicht erst entstehen zu lassen.

G wie Gleichgewicht: „Die Dosis macht das Gift" sagt die Pflegedienstleitung der Psychiatrischen Institutsambulanz. Sie meint damit, dass der Mensch Abwechslung braucht. Eine einseitige Ernährung ist genauso unsinnig, wie stets das gleiche Buch zu lesen oder immer den gleichen Film zu schauen.
Genauso ist eine ausschließliche Konzentration auf die Arbeit wenig ratsam. Es gibt leider viele Menschen, die aufgrund beruflichen Übereifers ihr Privatleben vernachlässigen. Das geht vielleicht gut, wenn man berufliche Erfolgserlebnisse generiert, von denen gezehrt werden kann. Unter Umständen entwickeln sich auch Kollegen zu guten Bekannten, mit denen man etwas unternimmt.

Aber was passiert, wenn es beruflich kriselt und die Kollegen nicht mehr Stütze sind, sondern zu Gegnern werden? Dann ist familiärer und/oder sozialer Rückhalt fast schon überlebenswichtig. Deshalb sollte man tunlichst darauf achten, neben der Arbeit einen privaten Gegenpol zu haben, um berufliche Belastungen besser auspendeln zu können. Das mag für den einen das heilige Wochenende mit der Familie sein, während ein anderer beim Drachenfliegen oder Reiten seine Batterie auflädt. Letztlich ist nicht entscheidend, was Sie tun, sondern dass Sie für sich eine geeignete Kraftquelle finden.

H wie Hilfe: Vielfach scheint es kein Problem zu sein, andere um Hilfe zu bitten. Schließlich fragt man den Verkäufer auch nach einem Produktratschlag oder bemüht Gutachter, wenn man in einer Angelegenheit nicht weiter kommt. Und die wenigsten von uns kämen wohl auf die Idee, bei Zahnschmerzen oder einer schweren Grippe dauerhaft Eigentherapie zu betreiben. In solchen Fällen führt es die meisten Menschen rasch zu einem Arzt. Grundsätzlich scheint es uns also nichts auszumachen, jemanden aufzusuchen, „der sich damit auskennt“. Warum aber fällt es in Sachen Mobbing häufig so schwer?
Ich stelle diese Frage, weil es Statistiken gibt, die darauf verweisen, dass der Großteil der Mobbingopfer keine Hilfe sucht. Auch ich habe die Erfahrung gemacht, dass viele Betroffene lange mit sich ringen, bis sie offen über ihre Sorgen sprechen. Aus Angst, Scham oder Unsicherheit? Das Problem zu thematisieren, ist letztlich der erste Schritt aus der Misere. Sicher macht man sich damit verletzlich, aber was ist die Alternative? Ein alleiniger Kampf gegen Windmühlen? Ich möchte Sie ermutigen, Ihre Last auf mehrere Schultern zu verteilen. Vielleicht ist eine starke Schulter mit dabei, die Ihnen entscheidend weiterhilft.

Nehmen Sie Hilfe an! Dies ist kein Zeichen von Schwäche, sondern eine **starke** Entscheidung.

I wie Information: Ein wesentlicher Auslöser für Mobbing sind Informationsdefizite. Dies führt zu Unsicherheit und Ängsten. Unter Umständen setzt ein gefährliches „Kopfkino“ ein, wenn Gerüchte entstehen, die nicht bestätigt, aber auch nicht widerlegt werden. Problematisch ist vor allem, wenn einige Mitarbeiter anderen gegenüber einen enormen Informationsvorsprung besitzen. Dann entsteht Neid und das Gefühl der Bevorzugung. Ich meine hiermit nicht das größere persönliche Fachwissen. Man kann ja schlecht einen Mitarbeiter dafür bestrafen, wenn er fleißiger ist und sich ein größeres Know-how erarbeitet. Es

geht mir mehr darum, dass sich der eine oder andere Kollege vielleicht als rechte Hand des Chefs versteht und ihm Dinge zuträgt. Im Gegenzug erhält dieser dann womöglich Zugang zu betrieblichen Interna. So etwas kann nicht lange gut gehen und wird früher oder später zu Konflikten führen. Sollte dieser besagte Kollege seine Informationen dann auch noch als mächtiges Hoheitswissen zur Schau tragen und triumphierend durch die Firma schweben, wird der Arbeitsplatz rasch zum Minenfeld.
Dies kann man verhindern, indem bei regelmäßigen Teambesprechungen oder auf Betriebsversammlungen Informationen „allgemein zugänglich" gemacht werden. So hat jeder Mitarbeiter die Möglichkeit, Relevantes zu erfahren und erleidet keinen „Wettbewerbsnachteil".

J wie Jetzt: Ich weiß nicht, wie es Ihnen geht, aber viele Menschen, die ich kenne, erzählen entweder von einer bewegten Vergangenheit oder dass sie „irgendwann" einmal dies oder jenes machen wollen. Einige verlieren dabei jedoch aus den Augen, dass man sich durch ein ewiges Verschieben der eigenen Ziele immer mehr von der Umsetzung des Ganzen entfernt.
Wir haben verlernt, im Hier und Jetzt zu leben und das Beste aus der aktuellen Situation zu machen. Genau das ist beim Mobbing aber entscheidend. Weiß man um die prekäre Lage, ist ein konsequentes, schnelles Handeln gefordert.
Steht das nicht im Widerspruch zur erwünschten Besonnenheit oder unserer in die Zukunft gerichteten Deadline? Ich denke nein, denn das „jetzt" bedeutet nicht, auf der Stelle hektisch Maßnahmen zu ergreifen, sondern sich zeitnah mit dem Mobbing auseinander zu setzen. Das kann man auch beherzigen, indem man jetzt eine in die Zukunft gerichtete Deadline setzt. Es geht mir um ein Bewusstsein, dass es so nicht weitergehen kann. Beginnen Sie also jetzt damit, die richtigen Maßnahmen zu ergreifen. Mobbing „auszusitzen" ist im Normalfall die falsche Strategie, da man auf Dauer zu großen Schaden nimmt.

Lassen Sie mich das Ganze mit einem Boxkampf vergleichen, in dem der Trainer Verantwortung für seinen Schützling trägt. Er wird bei den ersten heftigen Schlägen, die sein Boxer einstecken muss, wohl noch nicht das Handtuch werfen. Er dürfte in diesem Moment aber sehr wohl beginnen, eine Deadline zu erstellen. Nimmt sein Sportler in jeder Runde schwere Wirkungstreffer und scheint chancenlos, so wird er ihn kaum bis zum Kampfende „schleppen", da er auch an die weitere Karriere denken muss. Schon so mancher Boxer ist an einem

Kampf zerbrochen, weil der körperliche (und vor allem seelische) Schaden zu groß war.
Machen Sie nicht den gleichen Fehler! So wie der Trainer eine Fürsorgepflicht für den Athleten hat, sollten auch Sie zu großen persönlichen Schaden vermeiden. Leider steht Ihnen wahrscheinlich kein Coach zur Seite, der schützend die Hand über Sie hält. Das müssen Sie schon selbst übernehmen – quasi als Boxer und Trainer in einer Person.

K wie Kommunikation: Wir haben bereits mehrfach angesprochen, dass eine unklare Informationspolitik und/oder fehlerhafte Kommunikation oftmals große Probleme mit sich bringt. Hier sind das „I“ und unser „K“ eng miteinander verzahnt. Oftmals wird zu wenig oder falsch kommuniziert. Da werden Belanglosigkeiten thematisiert und Wichtiges fällt unter den Tisch. Es geht also zunächst darum, die Prioritäten richtig zu setzen. Fachliche Gesprächskreise sind wichtig, um sich beruflich abzustimmen.
Neben den reinen Arbeitsaspekten gibt es aber auch noch eine persönliche, menschliche Ebene. Schließlich verbringen wir einen Großteil unserer Lebenszeit mit unseren Kollegen oder Kunden. Da wäre es doch schrecklich, wenn wir nur robotergleich unseren Job erledigen und unsere Persönlichkeit an der Eingangstür zur Firma ablegen müssten.
Gelebte Kollegialität ist nämlich ein wesentlicher Aspekt hinsichtlich der Arbeitszufriedenheit. Ein netter kollegialer Plausch stellt daher keine Gefährdung der Ziele dar, sondern fördert die Arbeitsmoral der Belegschaft. Schließlich wird ein zufriedener Mitarbeiter, der sich vom Vorgesetzten nicht ständig gegängelt oder kontrolliert fühlt, auch mal länger bleiben, da er sich mit dem Unternehmen identifiziert.

Es braucht eigentlich nicht viel, um Mitarbeiter für sich zu gewinnen. Ein „Guten Morgen Herr Müller“ oder „Vielen Dank für Ihre gute Arbeit“ kann die Motivation des Angestellten ähnlich befeuern wie ein Turbomotor den Straßenwagen. Geschätzt und (sogar vom Vorgesetzten) respektiert zu werden, steigert die Leistungsbereitschaft enorm. Schließlich wünschen wir uns doch alle Lob und Anerkennung, um daraus Kraft zu schöpfen.
Schweigt der Chef und redet kaum ein Wort mit seinem Personal, tötet das die Leidenschaft ab, da er wenig Interesse an seinen Mitarbeitern zeigt. Ist er hingegen offen und signalisiert Gesprächsbereitschaft, stärkt das mein Vertrauen in

ihn und beugt Konflikten vor. Ich kenne Ihre Meinung nicht, aber mir ist das allemal lieber als ein Gefühlsklotz, der die Redseligkeit einer Hauswand hat.

L wie Loyalität: Kann man von einem Kollegen oder dem Vorgesetzten verlangen, dass er sich einem Mobbingbetroffenen gegenüber loyal verhält? Was bedeutet es eigentlich, loyal zu sein? Ich möchte das gar nicht so hoch hängen. Es geht mir lediglich darum, den Beschuldigten nicht zu verurteilen, nur weil andere dies tun und schlecht über ihn sprechen. Machen Sie sich doch ein eigenes Bild, anstatt eine vorgefertigte Meinung zu übernehmen.

Was einleuchtend klingt, ist in der Realität oftmals gar nicht so einfach: Wenn so ziemlich jeder Kollege schlecht über eine Person redet, dann kann mit diesem Menschen doch irgendwas nicht stimmen – oder? Wenn wirklich niemand mehr mit Herrn X oder Frau Y spricht, soll ausgerechnet ich dann derjenige sein, der es tut? Was denken die anderen in dem Fall über mich? Es ist viel einfacher und auch risikoloser, mit dem Strom als gegen ihn zu schwimmen.

Gegenfrage: Wie möchten Sie in so einer Situation behandelt werden? Würden Sie sich als Gemobbter nicht wünschen, dass da zumindest ein Kollege ist, der mit Ihnen „normal" umgeht? Für einige Mobbingopfer wäre dies ein Rettungsanker – vielleicht nicht unbedingt hinsichtlich einer positiven Klärung der Arbeitsplatzsituation, aber bezüglich des Gefühls, doch nicht ganz allein dazustehen.
Man muss das ja nicht unbedingt vor der versammelten Kollegenschar demonstrieren. Manchmal wirkt schon eine aufmunternde Mail oder das Angebot eines Telefonats stabilisierend. Ich würde mir einfach wünschen, dass man niemanden in eine Schublade steckt, ohne sich mit dieser Person auch nur ansatzweise beschäftigt zu haben. Ob das im klassischen Sinne loyal ist, weiß ich nicht. Es ist aber meine Vorstellung davon.

M wie Miteinander: Es gibt sicher unterschiedliche Ansätze, sich dem Thema Mobbing anzunähern. Einige setzen eher auf der organisatorischen Ebene an, während andere personelle Veränderungen einfordern. Wir sind uns aber sicher darin einig, dass es nur gemeinsam gehen kann.
Der Chef mag gute Ideen entwickeln, aber wenn er sie „seinen Leuten" nicht vermitteln kann, bleiben sie nur graue Theorie. Wenn wir unser Alphabet durch

Umlaute erweitern würden, könnten wir also auch ein „Ü“ wie Überzeugungsarbeit mit einbauen.

Bei einem „Anti-Mobbing-Seminar“ in einer Realschulklasse wurde ich einst mit massiven Problemen konfrontiert, man berichtete aber auch von durchaus erfolgreichen Gegenmaßnahmen. So wurde im Sportunterricht eine menschliche Pyramide eingeübt – eine vertrauensbildende Maßnahme, die ein unbedingtes Miteinander erforderte. Es wurde zum vollen Erfolg. Die Schüler schwärmten vom kollektiven Erfolgserlebnis, zu dem jeder beigetragen hat und für das auch jeder benötigt wurde. Man musste einander vertrauen – und es hat funktioniert.

Einer allein kann kaum etwas erreichen, aber er kann andere mit ins Boot holen. Wenn man dann gemeinsam rudert, kommt man auch voran.

N wie Natürlichkeit: „Wir alle spielen Theater“ heißt das Buch eines bekannten Soziologen namens Goffman. Er beschreibt darin, dass wir alle ständig Erwartungen und Rollen ausgesetzt sind, denen wir in unserer Gesellschaft gerecht werden sollen. Zu Hause sind wir Partner, Eltern oder Kind. Im Freundeskreis ist uns vielleicht die Rolle des Skatbruders zugedacht, und auf der Arbeit sollen wir natürlich der oder die souveräne Angestellte sein – wenn möglich fehlerfrei, kompetent und jederzeit ansprechbar.

Wo bleibe ich denn? Darf ich noch Mensch sein?

Eine berechtigte Frage, die in unserer zunehmend unsozialer werdenden Welt immer schwieriger zu beantworten scheint. Dann gibt es aber doch Erlebnisse, bei denen es „menschelt“. Da geht es nicht um die Arbeit, sondern es entsteht eine kuriose Alltagssituation, in der man einfach mal so sein kann, wie man sich gerade fühlt. Wenn Ihnen danach ist zu lachen, einfach mal auszubrechen, dann tun Sie es. Sich krampfhaft zu verstellen oder etwas vorzuspielen, wäre meiner Meinung nach falsch. Wer ständig eine Rolle verkörpert, die seinem Innersten widerstrebt, wird damit sicher dauerhaft scheitern.

Mir hat mal jemand gesagt, dass man einer anderen Person beim ersten Kontakt sein Bild mitgibt. Das kann derjenige sich dann entweder auf seinen Schreibtisch stellen oder an die Wand hängen – natürlich im übertragenen Sinne. Zunächst hatte ich das nicht richtig verstanden, aber mittlerweile kann ich es nachvollziehen. Wenn wir einen Menschen treffen oder nur von ihm erzählt wird, bekommen wir eine Vorstellung von dieser Person – seiner Mimik, Gestik und den vermeintlichen Besonderheiten. Es ist manchmal erschreckend, wie schnell ein solches Bild entsteht; oft braucht es dafür nur ein paar vage Informationen. Während wir manchmal nur bedingt beeinflussen können, was andere Menschen über uns denken, so können wir uns dennoch bemühen, möglichst unverfälscht und natürlich aufzutreten, so dass unser Gegenüber ein klareres Bild von uns bekommt. Wohin er sich dieses dann hängt, ist nicht so entscheidend.

Wohlgemerkt: Natürlich und authentisch zu sein, sollte nicht bedeuten, sein komplettes Leben zu offenbaren. Hiermit bleiben wir besser vorsichtig.

O wie Organisation: Wie war das noch mit dem gesunden Geist, der nur in einem gesunden Körper wohnen kann? Dieses Sprichwort ist nüchtern betrachtet Unfug, da auch körperlich eingeschränkte Menschen einen klaren und fitten Geist mitbringen. Der Ansatz dieser Redewendung könnte uns hinsichtlich einer näheren Betrachtung der Arbeitsbedingungen aber dennoch weiterhelfen.
Packe ich nämlich fähige, motivierte Menschen in ein zerstörerisches System, werden sie dabei dauerhaft auf der Strecke bleiben. Dann setzt man gesunde Menschen quasi in einer von Viren befallenen Zone aus. Es dürfte nicht lange dauern, bis jeder einzelne schließlich krank wird. Eine gewaltige Ansteckungsgefahr besteht freilich auch noch. Insofern ist die Dynamik des Ganzen nur schwer überschaubar.

Ähnlich ergeht es Menschen, die auf eine fehlerhafte Arbeitsorganisation treffen, innerhalb dieses defizitären Systems aber möglichst produktiv arbeiten sollen. Dies kann man eine Zeit lang versuchen, aber man wird daran scheitern. Stelle ich meinem Personal hingegen vernünftige organisatorische Rahmenbedingungen zur Verfügung, können die Mitarbeiter ihre fundierten Kenntnisse auch profitabel einsetzen. Dies kommt dem Unternehmen nicht nur finanziell zugute, sondern sorgt auch für größere Mitarbeiterzufriedenheit. Da spricht der Analytiker gern von einer Win-Win Situation.

P wie Personalität: Erinnern Sie sich noch an unseren Platzwart, der bemüht ist, „seinem" Fußballteam möglichst optimale Spielbedingungen zu schaffen? Die Spieler müssen dann auf dem Rasen ihren Beitrag zum Erfolg leisten. Wichtiger als das technische Spielvermögen ist jedoch die Fähigkeit, sich in den Dienst der

Mannschaft zu stellen. Herausragendes Wissen ersetzt schließlich keine soziale Kompetenz im Umgang mit Kollegen. Ziel muss also sein, die Mitarbeiter optimal einzusetzen, um die individuellen Stärken, aber auch ihre Teamfähigkeit zu nutzen.
Vor allem für neue Mitarbeiter ist es wichtig, einen erfolgreichen Start ins Unternehmen zu schaffen und den eigenen Platz zu finden. Hier gibt es sinnvolle Modelle, Mitarbeitern den Einstieg zu erleichtern, indem man ihnen „Paten" an die Seite stellt. Diese klären über unternehmensspezifische Belange auf und stehen bei Fragen zur Verfügung.
Sinnvoll wäre vielleicht auch eine Art Rotation, bei der Beschäftigte in verschiedenen Bereichen eingesetzt werden und man dann entscheidet, was besonders geeignet erscheint.

Von elementarer Bedeutung ist natürlich auch das

P wie Prävention: Die Vorbeugung nimmt nicht nur in unserem Alphabet eine Schlüsselrolle ein. Funktionieren betriebliche Frühwarnsysteme, muss man sich im Nachhinein nicht mit nervenzehrenden Konflikten und langen Fehlzeiten der Opfer auseinandersetzen.
Die wesentlichen Kernbereiche einer erfolgreichen Mobbingprävention haben wir ja bereits angesprochen. Es beginnt mit dem eigenen Auftreten, das durchaus selbstbewusst sein darf. Stellen Sie Ihr Licht nicht unnötig unter den Scheffel; machen Sie sich nicht klein. Sie stellen etwas dar und sind gut, deshalb haben Sie ja auch den Job bekommen.
Lassen Sie aber auch nicht ständig den Überflieger raushängen. Man muss bei Diskussionen nicht immer das letzte Wort haben, die anderen dürfen auch punkten. Es ist ein Geben und Nehmen, das sollten alle spüren. Sind Sie einmal anderer Meinung, dürfen Sie das ruhig signalisieren, aber pochen Sie nicht auf Teufel komm raus auf das eigene Recht. Wenn sich Ihre Sicht der Dinge als richtig erweist, treten Sie bitte nicht als Besserwisser auf. Den anderen ihre Fehler vorzuhalten oder überlegen aufzutrumpfen, kommt nicht gut an.

Die präventiven Optionen des Arbeitgebers sind auch bereits thematisiert. Hier geht es in erster Linie um eine klare Haltung gegen Mobbing und die Bereitschaft, sich des Problems rechtzeitig anzunehmen. Wenn uns etwas unangenehm ist, sind wir meist kreativ darin, das Ganze zu umgehen. Da sind unsere Arbeitgeber nicht anders. Es gibt angenehmere Gesprächsthemen als Mobbing, und die

Auseinandersetzung damit kann mühsam und schmerzhaft sein. Bemüht sich ein Unternehmen um den richtigen Umgang mit Konflikten, wird es davon langfristig profitieren. Das erfordert aber die Benennung und Schulung betrieblicher Ansprechpartner, womit wir beim nächsten Punkt wären.

Q wie Qualifizierung: Wenn man betriebliche Ansprechpartner wählt, darf man sie mit der Problematik nicht allein lassen. Umso wichtiger ist es, Betriebsrat oder MAV in Sachen Mobbing zu schulen. Sinnvoll wären hierbei nicht nur betriebsinterne Programme, sondern auch externe Kontakte und ein entsprechender Austausch mit anderen Betriebsräten oder Mobbingbeauftragten. Was machen sie anders? Wo kann man voneinander lernen?
Es gibt bereits reichlich Fortbildungsangebote und Informationsmaterial für betriebliche Gremien. Hier gilt es auch das Thema Mobbing einzubauen. Sinnvoll wäre eine Art „Aufklärungsoffensive", um eine größtmögliche Sensibilisierung zu erreichen. Der Umgang mit Mobbing sollte routinierter und sachlicher werden.

R wie Ressourcen: Sorge in der Zeit, dann hast Du in der Not. Das machen die Eichhörnchen letztlich genauso. Ich meine damit nicht, dass man Eicheln horten soll. Mir geht es darum, Bekanntschaften und Rituale zu pflegen, solange man die Kraft dazu hat. Wenn man nämlich in eine Mobbingsituation gerät, ist jede Energiereserve wertvoll.

Leider tun viele Menschen genau das Gegenteil. Wenn es ihnen gut geht, vernachlässigen sie wertvolle Kontakte; man kommt ja schließlich auch allein gut zurecht. Oftmals ist ihnen das gar nicht bewusst. Sie kennen sicher auch Menschen, die sich nur dann melden, wenn es ihnen nicht gut geht. Dann soll man plötzlich für sie da sein, obwohl man lange nichts von ihnen gehört hat. Meist geht die Rechnung nicht auf. Vielleicht hilft man dann aus Pflichtbewusstsein, aber nicht aus echter Überzeugung. Was für freundschaftliche Kontakte gilt, trifft auch auf andere Bereiche zu. Wenn Sie gerne lesen und sich fortbilden, dann machen Sie das auch in den positiven Phasen. Geht es einem schlecht, fehlt der Antrieb dazu. Tun Sie sich also etwas Gutes, dann können Sie in der Krise davon zehren.

S wie Stimmungscheck: Wir haben ja bereits einige Handlungsansätze auf Arbeitgeberseite abgeklopft. Hier feiert nun unser Stimmungscheck sein Comeback. Er ist - wie bereits angesprochen - eine durchaus effektive Option, die ohne gewaltigen Aufwand wichtige Informationen liefern kann. Ob jeder Beschäftigte immer ehrlich antwortet, darf bezweifelt werden. Es lassen sich aber Tendenzen und ein Stimmungsbild ablesen. Das hilft schon einmal weiter, um mögliche Gegenmaßnahmen zu ergreifen. Sinnvoll wäre hier auch die Frage nach Verbesserungsvorschlägen. So erfährt man, was den Mitarbeitern wichtig ist und bindet sie in Entscheidungsprozesse ein. Dies sorgt für positive Resonanz; der Beschäftigte spürt Respekt und Interesse an seiner Sicht der Dinge – vorausgesetzt man nimmt die Antworten der Mitarbeiter ernst und zeigt sich bezüglich möglicher Vorschläge auch wirklich engagiert. So könnte man gewissermaßen zwei Fliegen mit einer Klappe schlagen, indem man einerseits die Mitarbeiterzufriedenheit erhöht und gleichzeitig wichtige Erkenntnisse hinsichtlich möglicher Optimierungen erhält. Dann ist es für alle Beteiligten ein Gewinn.

Ich möchte ein weiteres „S“ ins Spiel bringen, nämlich das

S wie Streitkultur: Viele Menschen denken, dass Streit per se etwas Negatives ist. Es ist aber sogar positiv zu werten, wenn man gemeinsam um die bestmögliche Lösung ringt. Es geht dabei um das Wie. Bleibt man sachlich und greift sein Gegenüber nicht persönlich an, ist gegen eine entsprechende Auseinandersetzung gar nichts einzuwenden.

Im **sachlichen** Streit intensivieren sich menschliche Beziehungen; man lernt den anderen schlicht besser kennen. Was sind seine Wünsche und Vorstellungen? Wo gibt es Übereinstimmungen, wo Unterschiede? Streiten kann also bewusstseinsbildend sein. Es hilft beim Abgleichen von Ideen und fördert die gegenseitige Toleranz hinsichtlich gegensätzlicher Standpunkte – sofern man es richtig macht. Meist profitieren davon beide Seiten. Schließlich lernt man in schwierigen Situationen oft am meisten dazu.

T wie Transparenz: Der größte Fehler, den ein Unternehmen machen kann, besteht darin, seine Beschäftigten nicht „mitzunehmen“. Wenn Entscheidungen getroffen werden, die für das Personal nicht nachvollziehbar sind, irritiert das die Angestellten nicht nur, es schafft auch eine zu große Distanz. Wie soll ich mich auch mit einer Einrichtung identifizieren, wenn mir Entstehungsprozesse fremd bleiben?

Hier ist es sinnvoll, die Menschen an Entwicklungen aktiv zu beteiligen oder zumindest möglichst zeitnah darüber zu informieren. Ansonsten drohen „politische" Verhältnisse, wenn den Bürgern Entscheidungen mitgeteilt werden, denen sie sich scheinbar hilflos ausgesetzt sehen. Will man keine innerbetriebliche „Politikverdrossenheit", gilt es also, die Bedürfnisse der Mitarbeiter zu berücksichtigen. Was spricht dagegen, mit den Angestellten rechtzeitig über Aspekte zu sprechen, die sie ohnehin früher oder später betreffen? Die Menschen können auch mit unangenehmen Wahrheiten umgehen – jedenfalls allemal besser als mit wenig durchschaubaren „Ränkespielen".

U wie Unterstützung: Wir haben bereits über die Bedeutsamkeit fachlicher Ansprechpartner gesprochen. An dieser Stelle möchte ich auf eine unterstützende Quelle hinweisen, die wir bislang – zumindest in ihrer Aktivität – weitestgehend ausgeblendet haben: das private Umfeld des Betroffenen. Partner und/oder Familie des Opfers kommt nämlich hinsichtlich der „Heilungschancen" eine große Bedeutung zu.

Betroffene sind oftmals wie gelähmt und handlungsunfähig. Der behandelnde Arzt oder die Selbsthilfegruppe, der man sich ansonsten anvertraut, sind vielleicht nicht immer greifbar. In solchen Situationen ist der Partner besonders gefordert. Die Unterstützung kann darin bestehen zuzuhören; in anderen Fällen geht es vielleicht um Papierkram oder darum, den penetranten Chef am Telefon abzuwimmeln.

Ich bewerte auch positiv, wenn Familienangehörige den Betroffenen in die Selbsthilfegruppe begleiten. Sie sollten am Gesamtgeschehen teilhaben. Dies schärft das Verständnis für die Situation des Opfers, das auch anstrengend sein kann. Menschen in Ausnahmefällen sind nicht immer einfach. Auch diese Erkenntnis ist wichtig, um die Nöte des anderen zu verstehen.

V wie Vertrauen: Hiermit schneide ich sicherlich ein heikles Thema an, denn das Vertrauen in andere Menschen ist durch das Mobbinggeschehen oft schwer erschüttert. Gut, setzen wir vor das Vertrauen ein "an". Wem Sie sich anvertrauen, ist dabei erstmal gar nicht so entscheidend. Wichtig ist, dass Sie es tun. Über die Situation zu sprechen, verschafft Ihnen Linderung und Hoffnung. Leider verharren die meisten Opfer zu lange in der Resignation.

Die Rolle des „einsamen Wolfs" verspricht aber – im Gegensatz zum Heldenstatus auf der Leinwand – im wahren Leben nur wenig Erfolg. Sie verbauen sich damit Chancen und Perspektiven. Sitzen Verletzungen und Kränkungen zu tief, dauert es jedoch, bis man soweit ist und seine Leidensgeschichte anderen offenbart. Das ist auch vollkommen in Ordnung. Alles braucht seine Zeit, und die sollen Sie sich auch nehmen. Suchen Sie Gleichgesinnte, die Ihre Ängste verstehen. Das wird Ihnen helfen, wieder mehr Vertrauen aufzubauen.

Wir können ein weiteres „V" ins Spiel bringen – das

V wie Verantwortung: Es geht hier nicht um Schuldzuweisungen oder darum, dass Köpfe rollen müssen. Mir geht es vor allem darum, dass man verantwortungsvoll mit dem Thema umgeht. Dazu zählt eine entschiedene Haltung von Vorgesetztenseite genauso wie die konsequente Umsetzung betriebsinterner Absprachen.
Macht sich ein Mitarbeiter des Mobbings schuldig, muss er dafür die Verantwortung übernehmen. Welche Sanktionen folgen, hängt vom „Vergehen" ab. Das kann in einem Fall eine Abmahnung sein, während man in Extremfällen zu drastischeren Methoden greifen muss. Ansonsten bleibt eine „Anti-Mobbing-Haltung" halbherzig und nicht mehr als graue Theorie.

W wie Wachsamkeit: Ihr wichtigster Ratgeber ist kein Arzt oder Mobbingexperte, sondern die eigene Wachsamkeit. Achten Sie auf kleine Signale. Wie gehen die Beschäftigten miteinander um? Hat sich etwas verändert? Oftmals erkennt man Mobbing bzw. sich anbahnende Konflikte nicht an massiven Attacken, sondern an Gesten der Missachtung oder Geringschätzung. Ist die Meinung eines Mitarbeiters nicht (mehr) gefragt? Wird vermehrt ein bestimmter Kollege kritisiert? Zeigt sich der Chef bei Nachfragen von Herrn X genervter als bei Frau Y?
Ungleichbehandlungen sind Anzeichen beginnender Schieflagen – und unter Umständen erste Mobbingsignale. Hier gilt es wachsam zu sein und nicht nur die eigene Situation, sondern auch die der betrieblichen „Nachbarschaft" zu prüfen.

Lassen Sie mich noch ein alternatives „W" ins Spiel bringen, nämlich das

W wie Wertschätzung: Wir haben es ja bereits erwähnt, und doch möchte ich es noch einmal ansprechen: Ein anerkennendes Wort zur rechten Zeit stellt für die meisten Mitarbeiter eine große Motivation dar. Wird die Arbeit respektiert und honoriert, arbeitet man mit besonderem Engagement. Werde ich für meine

Leistungen geschätzt, profitieren davon schließlich alle Beteiligten - der Mitarbeiter, weil es seine Arbeitsfreude steigert sowie Chef und Kollegen, da der Angestellte motivierter und produktiver arbeitet.

Gleich haben wir es geschafft. Um es Ihnen und mir zu erleichtern, verzichten wir auf X und Y und kommen gleich zum

Z wie Zielsetzung: Oftmals schlagen zwei Herzen in der Brust von Betroffenen - das der Vernunft und das des Stolzes. Eine Stimme weiß genau, dass man sich in diesem Umfeld dauerhaft selbst zugrunde richtet und besser die Flucht ergreifen sollte, während die andere Stimme einen daran erinnert, dass man doch nichts falsch gemacht hat. Warum soll ich gehen? Und dann auch noch widerstandslos das Feld räumen? Diese Stimme treibt den Betroffenen nicht selten in einen dauerhaften Kampf, der viel Blut, Schweiß und Tränen kostet.

Welche Gedanken toben in Ihnen? Ist es auch ein ständiges Hin und Her? Meist siegt am Ende die Stimme der Vernunft, und man entscheidet sich dafür zu gehen, weil ein dauerhafter Verbleib zuviel Kraft raubt. Geld ersetzt schließlich keine Lebensqualität.

Man kann sich aber auch – bspw. mit anwaltlicher Unterstützung – in die Schlacht wagen und entschlossen um sein Recht kämpfen. Dass dies ein langer, mühsamer Weg sein kann, sollte einem hierbei jedoch bewusst sein.
Welche Stimme letztlich „siegreich“ sein wird, vermag ich nicht zu sagen. Es ist aber wichtig, dass sich eine davon durchsetzt und eine Zielsetzung erkennbar ist. Dieser Entschluss wird dann Ihr zukünftiges Handeln bestimmen – mit den entsprechenden Personen an Ihrer Seite. Für den Kampf benötigen Sie einen Anwalt, für die „Flucht“ eher einen Mediziner, der Sie schützt und ggf. in Punkto Reha oder Tagesklinik berät.
Treffen Sie keine Entscheidung und verharren dauerhaft in der Situation, dürfte es Sie früher oder später innerlich zerreißen.

Damit wären wir am Ende unseres „Anti-Mobbing-ABCs“ angelangt. Wie Sie gesehen haben, kann es viele verschiedene Bausteine enthalten – und Sie allein sind der Bauherr. Jetzt liegt es an Ihnen, Ihr eigenes Gegenmodell zum Mobbing zu entwickeln. Da kann Ihr A bis Z ruhig eine gänzlich andere „Eigenkreation“ sein.

20. Das kleine Anti-Mobbing-Einmaleins

Jetzt habe ich mir die Finger wund geschrieben und weiß gar nicht, wieviel bei Ihnen hängen geblieben ist. Aber Sie können ja einfach vor- oder zurückblättern.

Um es Ihnen dennoch zu erleichtern, möchte ich einige der mir wichtigsten Punkte für einen geeigneten Schutz vor Mobbing zusammenfassen. Ähnlich wie beim Anti-Mobbing-ABC werden Ihnen auch hier einige Punkte bekannt vorkommen. Ich habe es das kleine „Anti-Mobbing-Einmaleins“ genannt, weil es ein entsprechendes Regelwerk der persönlichen Prävention benennen soll, das jeder lernen kann. Auch Nicht-Mathematiker können es anwenden.

Beginnen wir mit dem wohl wichtigsten Punkt überhaupt, der einigen scheinbar nicht immer bewusst ist:

- Der Arbeitgeber muss sich nicht nur für Sie entscheiden, sondern Sie sich auch für ihn. Das ist keine Einbahnstraße, in der Sie hilflos dem Geschehen ausgesetzt sind. In einer Freundschaft oder Beziehung ist es auch keine einseitige Entscheidung. Beide Partner müssen sich vertrauen und ein gutes Gefühl bei der Sache haben. Ansonsten ist Ärger - und wohl auch die frühzeitige Trennung - vorprogrammiert. Lassen Sie sich also möglichst rasch Räumlichkeiten und Arbeitsumfeld zeigen, schauen Sie hinter die Kulissen. Privat werden Sie mit einem frischen Partner hoffentlich auch erst intim, wenn Sie wissen, mit wem Sie es zu tun haben. Aber das ist ein anderes Thema, und da quatsche ich Ihnen lieber nicht rein.

- Warten Sie als neuer Mitarbeiter zunächst einmal ab, wie es am Anfang läuft. Bringen Sie erst später eigene Ideen ein. Bitte vergessen Sie nicht, dass Sie als „Frischling“ zunächst besonders kritisch beäugt werden. Also halten Sie sich besser erst einmal zurück, auch wenn dies kreativen Köpfen schwer fällt. Werden Sie erst dann mutiger, wenn Sie Ihre Position im Unternehmen gefunden haben.

- Erzählen Sie nicht zuviel Privates! Entweder wecken Sie damit Neidgefühle oder bieten Ihren Gegnern Angriffsfläche. Je weniger man von Ihnen weiß, desto schwerer sind Sie auszurechnen. Wissen ist

Macht, vergessen Sie das bitte nicht.

- Finden Sie heraus, wer das Sagen hat. Der offizielle Chef ist allen bekannt. Viel wichtiger ist jedoch der heimliche Boss – der Stratege, der schon lange dem Unternehmen angehört und im Hintergrund die Fäden spinnt. Er (oder sie) kennt jeden Winkelzug und weiß genau, wer welche Leichen im Keller hat. Mit diesem Menschen sollten Sie es sich nicht verscherzen. Er ist nämlich viel gefährlicher als der Chef auf dem Papier.

- Sie sind keine Spielfigur, also lassen Sie sich nicht dazu machen. Sie sind auch kein Knetmännchen, das jeder nach seinen Ideen formen kann. Sie entscheiden über Ihr Leben, sonst niemand. Geben Sie anderen den kleinen Finger, fehlt oftmals schon die ganze Hand. Weisen Sie also höflich aber bestimmt darauf hin, wenn Sie etwas stört. Auch hier gilt: Währet den Anfängen. Zeigen Sie Ihren Gegnern die gelbe Karte, wenn man Ihnen zu nah tritt und Grenzen überschreitet.

- Nehmen Sie keine Rechtfertigungshaltung ein. Dies wirkt unsouverän und wie ein Schuldeingeständnis. Hat man Sie erst einmal soweit, dass Sie an sich selbst zweifeln, ist Ihr Selbstvertrauen bereits schwer geschädigt und Sie sind beinahe handlungsunfähig.

- Ihr wichtigster Ratgeber ist kein Arzt oder Jurist, auch keine Lektüre – Ihr wichtigster Begleiter ist die eigene Wachsamkeit. Tragen Sie immer eine Portion Misstrauen in sich, das schärft die Sinne. Vermuten Sie aber hinter einer gut gemeinten Kritik nicht gleich einen Angriff. Hier ist es wichtig, ein gesundes Maß zu finden.

- Schaffen Sie wenn möglich eine gesunde Balance zwischen Beruflichem und Privatleben. Halten Sie sich hierbei das Gleichgewichts- oder Säulenmodell vor Augen. Bricht eine Säule weg, hat man ein Problem und gerät ins Wanken. Man könnte auch sagen auf einem Bein kann man nicht stehen.

- Wittern Sie erste Probleme, machen Sie sich frühzeitig Notizen. Das hilft, sich an Ereignisse zu erinnern und erleichtert vielleicht auch die

Einordnung. So verliert manch ein Vorfall womöglich an Schrecken, wenn man ihn noch einmal durchspielt. Reagieren Sie wenn möglich nicht überhastet auf Angriffe, sondern nehmen Sie sich die Zeit, um sachlicher zu handeln.

- Suchen Sie sich frühzeitig Hilfe; Sie sind nicht allein. Es gibt auch beim Mobbing Menschen, die Sie mit entsprechendem Know-how unterstützen können. Ob Gewerkschaft, MAV, Betriebsrat, Schwerbehindertenvertretung, Betriebsarzt, Juristen oder Selbsthilfegruppen – wie Sie sehen gibt es reichlich Ansprechpartner, die in Ihrer Situation helfen können. Sie müssen aber den Schritt machen und das Gespräch suchen.

  Außerbetriebliche Ansprechpartner können hierbei freier handeln und helfen, da sie keinen taktischen Zwängen ausgesetzt sind.

Ich hoffe dieser „Mini-Ratgeber" hilft Ihnen ein wenig bei Ihrer ganz persönlichen Mobbingprävention.

21. Finale Worte

Sie haben es fast geschafft und müssen nun nur noch ein paar Zeilen durchhalten. Wahrscheinlich habe ich Ihnen mit einigen Kapiteln Angst gemacht und eine mit Tretminen gepflasterte Arbeitswelt präsentiert. Vielleicht kann ich nun einige dieser Minen leicht entschärfen. Es ist ja nicht so, dass alles schlecht wäre. Sie und ich kennen gewiss auch gute Chefs und nette Kollegen, mit denen man gern zusammenarbeitet. Auch dies sollte man benennen und zum Vorbild nehmen.

Dennoch habe ich den Eindruck, dass unser Zusammenleben schwieriger und konfliktbelasteter geworden ist. Dies anzusprechen und zu hinterfragen, war mir wichtig. Ich gebe mich nicht der Illusion hin, dass Sie dieses Buch immer und immer wieder lesen werden. Wenn dennoch einiges nachwirkt und Sie etwas davon in Ihrem Leben umsetzen können, ist für mich ein wesentliches Ziel erreicht.

Die Gesellschaft – und das sind wir alle – sollte wohl an einem Umdenken arbeiten, damit „die Karre nicht vor die Wand fährt“. Der Umgang miteinander, die zunehmende Vereinsamung vieler Menschen, der nachlassende gegenseitige Respekt ... man könnte dies wohl beliebig fortsetzen.
Wichtig ist ein Bewusstsein, dass wir alle etwas dagegen unternehmen können. Auch wenn es naiv und etwas zu romantisch klingt: Lassen Sie uns doch gemeinsam einen Antrag an die Gesellschaft stellen, um auf Missstände aufmerksam zu machen, anstatt Dinge stillschweigend hinzunehmen, bis es zu spät ist.
Erinnern wir uns doch gegenseitig an unser soziales Gewissen. Sie erinnern mich an meine Verantwortung und ich Sie an Ihre – und lassen Sie es uns jetzt tun. Irgendwann ist ein anderes Wort für nie. Also sollten wir schnellstmöglich damit beginnen.

War das zu missionarisch? Vielleicht – aber es spiegelt das wider, was ich zunehmend erlebe, nämlich eine unsozialer werdende Gesellschaft. Man muss an dieser Stelle nicht einmal ausschließlich die Mobbingproblematik thematisieren. Hier gibt es letztlich ohnehin nur Verlierer. Ich finde es wichtig, das Ganze in einen globaleren Zusammenhang zu bringen. An wem kann man sich orientieren? Geben Kirche oder Politik noch glaubwürdige Leitlinien vor? Helfen sie dabei, den Moralverlust zu stoppen? Manchmal kommt es mir so vor, als würden sie es nur noch schlimmer machen.

Wie ist Ihre Meinung? Da nehme ich die Dinge doch lieber selbst in die Hand. Man muss dafür kein Lautsprecher sein, sondern einfach die Augen offen halten und sich gegen Unrecht stemmen.

Lassen Sie uns nicht vergessen: Auch ein leises Glöckchen wird gehört – selbst im tiefsten Sumpf.

22. Literaturverzeichnis

- Arndt Hermans, Elmar Krings, 2004: Praktische Mobbing-Prävention - Stopp dem Psychoterror am Arbeitsplatz, Norderstedt, Books on Demand GmbH

- Bundesanstalt für Arbeitsschutz und Arbeitsmedizin: Wenn aus Kollegen Feinde werden – Der Ratgeber zum Umgang mit Mobbing

- Esser, Axel, Wolmerath, Martin, Mobbing, 1998: Der Ratgeber für Betroffene und ihre Interessenvertretung. Frankfurt: Bund

- Hirigoyen, Marie-France, 2002: Wenn der Job zur Hölle wird. Seelische Gewalt am Arbeitsplatz und wie man sich dagegen wehrt, München, Verlag C.H. Beck oHG

- Informationsbroschüre des Arbeitskreises „No-Mobbing", Titel: Mobbing

- Psychologie und Praxis: „Tapferkeit vor dem Chef"

- Volkswagen AG: Partnerschaftliches Verhalten am Arbeitsplatz, 2000, Wolfsburg